辣木营养功能
与综合利用

Moringa: Nutritional Function and Comprehensive Utilization

王 靖 / 主编

中国轻工业出版社

图书在版编目（CIP）数据

辣木营养功能与综合利用/王靖主编. --北京：中国轻工业
出版社，2020.7
ISBN 978-7-5184-2526-6

Ⅰ.①辣… Ⅱ.①王… Ⅲ.①辣木科—营养价值—研究
②辣木科—药用价值—研究 Ⅳ.①Q949.748.5 ②R282.71

中国版本图书馆 CIP 数据核字（2019）第 117347 号

责任编辑：伊双双
策划编辑：伊双双　　　责任终审：唐是雯　　封面设计：锋尚设计
版式设计：砚祥志远　　　责任校对：吴大鹏　　责任监印：张　可

出版发行：中国轻工业出版社（北京东长安街6号，邮编：100740）
印　　刷：三河市国英印务有限公司
经　　销：各地新华书店
版　　次：2020年7月第1版第1次印刷
开　　本：720×1000　1/16　印张：12.5
字　　数：210千字　插页：1
书　　号：ISBN 978-7-5184-2526-6　定价：60.00元
邮购电话：010-65241695
发行电话：010-85119835　传真：85113293
网　　址：http://www.chlip.com.cn
Email：club@ chlip.com.cn
如发现图书残缺请与我社邮购联系调换
181186K1X101ZBW

序

辣木在多数老百姓的日常生活中并不常见，但实际上它"全身都是宝"，在亚洲、非洲以及美洲热带与亚热带地区有着悠久的历史，被誉为"生命之树""植物中的钻石"。近些年来一些专家研究发现，辣木富含丰富的微量元素、多种维生素、矿物质以及优质蛋白质和膳食纤维，尤其富含精氨酸、赖氨酸、亮氨酸、苯丙氨酸等重要氨基酸。

2011年，时任国家副主席的习近平访问古巴并签署包括辣木在内的多项农业协议；在两国领导人的关注下，中古两国同年合作签署《中国-古巴农业合作规划》：中国将在古巴建设辣木等农业技术试验示范基地，联合开展辣木开发利用的科研工作；2012年11月辣木叶被我国卫生部批准为新资源食品（2012年19号公告，2013年根据《中华人民共和国食品安全法》更名为新食品原料）；2014年7月，习近平主席对古巴进行国事访问，辣木作为国礼被第二次送给古巴领导人。

在这个大背景下，农业农村部农垦局于2016年7月批准农业农村部食物与营养发展研究所成立"中国辣木产业联盟营养研究中心"，对辣木的相关研究工作给予大力支持。农业农村部食物与营养发展研究所王靖研究员带领其团队，开展辣木研究和开发工作，并编写出这本《辣木营养功能与综合利用》。本书汇集辣木领域相关研究论文，详细梳理了辣木不同组织部分的营养成分，同时深入浅出地阐述了辣木在人类营养健康等方面的功能和作用。

从一些资料来看，辣木是食物营养的新资源，它不仅丰富了食物营养产品的内涵，而且为发展营养健康新产业提供条件。同时，对增强国家粮食安全的新途径、增加农民收入、调整产业结构等都具有重大意义。

王靖研究员让我为此书作序，真难为我了！说实话，我在这方面没有研究，只能作为该书第一读者谈谈学习认识。我对辣木的认识较晚，从国内外一些资料报道断断续续地了解了一些辣木的情况，特别是让我作序后，我认真拜读了《辣木营养功能与综合利用》一书的书稿，对辣木的营养成分及其在营养健康方面的作用和功能及发展前景有了进一步认识。相信此书问世后，会受到食物营养和健康工作者以及重视食品营养和健康的广大消费者欢迎，不仅为他们提供了食品营养和健康的新知识，而且扩大了食品营养健康工作者的研究思路，让广大群众的日常消费与健康生活走得更近，这也是我为此书作序的目的。

万宏昭

二〇一九年七月九日

前言

有一种神奇的植物，它是世界上最有营养的树，它有"奇迹树""母亲最好的朋友"和"医药百宝箱"之称，在非洲它是穷人的"牛乳"，在印度它是人们的食材和药材，这种神奇的植物就是辣木。

辣木属乔木，高 3~12m，树皮软木质；枝有明显的皮孔及叶痕，小枝有短柔毛；根有辛辣味。叶通常为 3 回羽状复叶，长 25~60cm。辣木适应力强，不仅可生长在热带半干旱的地区，在热带湿润地区生长得也很好；它能适应砂土和黏土等各种土壤，在微碱性土壤中也能生长。辣木喜光照，主根很长，因此能耐长期干旱。它的适宜生长温度是 25~35℃，在有遮荫的情况下能忍受 48℃的高温，也能耐受轻微的霜冻。

辣木在我国南方广东、福建、广西、云南、台湾及海南等省份皆可以种植。目前以云南种植最多，产量最大，占中国辣木市场的三分之二。广东、福建等经济发达地区在一些企业和科研机构的推动下，已经形成大规模的种植基地，如福建厦门市的海沧，广东中山阜沙镇、韶关新丰县、揭阳、湛江等地也相继建立起辣木种植基地。

辣木浑身是宝，已有上千年的食用历史，是人类较古老的药食兼用的树种之一。公元前 150 年，古代埃及国王和王后通过在食谱中加入辣木叶和辣木果实来保持反应灵敏和肌肤健康；印度次大陆的原住民也将辣木治疗作为传统医疗的一部分。然而，辣木近些年才被科学界和医学界发现、认可并广泛应用。1997 年，美国基督教世界救济会开始与塞内加尔合作推动一项计划，他们将辣木加入当地人民的饮食中，用以对抗营养失调及预防疾病，有显著的效果。2011 年 6 月，时任国家副主席的习近平在访问古巴时，双方多次谈及辣木的种种优点，卡斯特罗也希望双方合作研发。当年，中巴就辣木、粮食等领域合作以及签署《中国-古巴农业合作规划》达成了共识。2014 年 4 月，中国-古巴辣木科技合作中心在云南省热带作物科学研究所挂牌成立，中国和古巴开始联合开展辣木开发利用的科研工作。

近些年的研究发现，辣木是世界上最有营养的树之一。它含有约 20 种氨基酸、46 种抗氧化剂；富含丰富的微量元素钾、锰、铬，以及精氨酸、赖氨酸、亮氨酸、苯丙氨酸等；可提供各种维生素，包括维生素 A、维生素 B、维生素 B_1、维生素 B_2、维生素 B_3、维生素 B_6、维生素 C（抗坏血酸）、维生素 E 和宏观矿物质、微量元素；提供优质蛋白质和膳食纤维。辣木叶中所含的钙是牛乳的 4 倍，蛋白质是牛乳的 2 倍，钾是香蕉的 3 倍，铁是菠菜的 3 倍，维生素 C 是柑橘的 7 倍，维生素 A（胡萝卜素）是胡萝卜的 4 倍，维生素 E 分别是螺旋藻和黄豆粉的 70 倍和 40 倍。

辣木作为蔬菜和食品有增进营养、食疗保健的功能，广泛应用于医药、保健等方面，被誉为"生命之树""植物中的钻石"。印度当地人民在日常生活中食用辣木，鲜叶可作为蔬菜食用，嫩叶类似菠菜，可以做汤或沙拉。嫩果荚也可以食用，干种子可以打成粉末作为调味料，幼苗的根干燥后也可以打成粉末作为调味料，有辣味。辣木的花在略微变白之后也可以加入沙拉中食用。日本人称辣木树为"不可思议的树"。中国台湾辣木树研究学会筹备处在半年时间内经过 500 人的使用验证，发现一半以上的使用者有很好的改善效果，包括有湿疹、富贵手、香港脚、燥热性头痛、骨质疏松症、糖尿病、神经衰弱、风湿关节痛、贫血、痛风、失眠、皮肤莫名痒、忧郁症、安定神经、经痛、便秘、消化不良、淡化斑点、体质虚弱、提神、增强性功能等。欧美先进国家已将辣木视为新时代的健康食物，成为人们增强免疫力、预防疾病的神奇植物。

然而，辣木目前在我国还不为大多数人所熟知。因此，本书不仅详细介绍了辣木种子、辣木叶、辣木果荚等组织的营养成分，而且结合最新的研究，从医学角度深入浅出地阐述了辣木在辅助降血脂、降血压、降血糖、防治癌症、抗氧化、保护肝脏等方面的功能及其机制，并对其安全性做出评价，希望以此来增加大众对于辣木的了解，使得辣木这种神奇的植物能够深入到我们的生活中，为提高人们的饮食品质、促进身体健康、预防疾病做出更多的贡献。

近几十年来，我国辣木的发展有了一定的产业基础，随着人民生活水平和健康意识的不断提高，对辣木产品的需求与日俱增。辣木产业是农业外交的重要载体，也是发展新资源增进国家粮食安全的新途径，对增加农民收入、促进产业结构的调整意义重大。

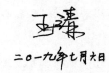

二〇一九年七月六日

目 录
CONTENTS

第一章　概论

第一节　辣木的起源、分类与传播

一、辣木的起源

辣木（*Moringa oleifera*）因其特有的形态具有许多别称。辣木开花时，满树都是白色的花朵，花香如兰花般芬芳，得名"兰花豆"；辣木果荚成熟后状如鼓槌，又得名"鼓槌树"；根皮内含辣木碱等生物碱，会给人以辛辣的口感，而得名"辣根树"；人们利用辣木根辛辣的口感，将辣木根干粉用作调味品，由于其口感与山葵香辛类调味品接近，而得名"山葵树"；另外还被叫做不死树、洋椿树、萝卜树、油辣木、摩罗豆等。

辣木是多年生常绿或落叶树种，最高可达 5~12m，树干直径可达 20~40cm。树干通直，树皮灰白色，软木材质，侧枝发达，一般幼苗达到 1.5~2m 时才开始萌生主枝。主枝的延伸无一定的规律，树根膨大似块茎，枝干细软，树冠呈伞形。叶浅绿色，互生，1~3 回奇数羽状复叶，长 30~60cm，小叶对生，全缘，长 1~2cm。花白色或乳白色，气味芳香，花序长 10~25cm，萼片管状，呈不等的 5裂，裂片覆瓦状排列，开花时外弯；花瓣 5 片，覆瓦状排列、分离、不相等，远轴的一片较大，直立，其他花瓣向外弯曲；雄蕊两轮，5 枚发育的雄蕊与 5 枚退化的雌蕊互生，花丝分离，花药背着，纵裂；雌蕊 1 枚，子房上位，被长绒毛。未成熟果荚为绿色，成熟后呈褐色，成熟果荚为长而且具有喙的硕果，三瓣裂，长 20~60cm，干果荚 3 开裂，每荚含种子 15~25 粒，种子呈褐色，种壳坚硬且具有三棱，棱上有白色纸质种翼，种子直径 0.8~1.5cm[1]。

早在两千年前，印度就有关于辣木的记载了。辣木原产于印度北部的喜马拉雅山地区和南纬 27.5°至北纬 27.5°之间的陆地，由于它适应力强，现在已广泛地种植在热带和亚热带地区。在印度的传统医学中，辣木是一种可以预防约 300 种疾病的神奇树木，在医学上主要用于糖尿病、高血压、皮肤病、贫血、关节炎、消化器官、肿瘤等疾病的治疗。在非洲衣索比亚的西南部，辣木是一种非常重要的农作物。与印度辣木比起来，非洲辣木树干较粗，直径是印度辣木的 2~3 倍，叶片较大，辛辣味也较温和。由于非洲辣木枝叶茂盛，常间隔种植用作防护林。在肯尼亚居住的欧洲人喜欢种植非洲辣木作为庭院中的装饰。非洲辣木的抗旱能力很强，在每年八月至次年四月的非洲旱季中，仍能保持翠绿的叶子并且持续生长。

二、辣木的分类

辣木在非洲索马里地区分布最多，有 9 个品种分布在该地区。辣木家族中最负盛名、研究最多的为 *M. oleifera* Lam.[2,3]。

辣木的分类一度较为混乱，一开始因能产芥子油被列为芥科。1785 年瑞典生物学家林奈将辣木命名为 *Moringa oleifera*，因其有长长的木质豆荚被归入紫葳科。直到 1991 年 Rodman 才将辣木单独列成一个科，最终辣木被归类为辣木亚目辣木科辣木属，属单科单属植物，共 13 个种，由于有 2 个同物异名存在，也有将其报道成 14 个种。辣木根据其树形和根，被分为三大类型：一是由 *M. Oleifera* Lam.、*M. concanensis* Nimmo. 和 *M. peregrina*（Forssk.）Fiori. 组成的纤细型，这种类型辣木的根在苗期为肉质块根，成年后肉质块根消失，花朵为白色或粉红色二对称花；二是由 *M. stenopetala*（Baker f.）Cufod.、*M. drouhardii* Jum、*M. hildebrandtii* Engl. 和 *M. ovalifolia* Dinter & A. Berger 组成的粗壮型，这种类型的辣木有用于储水的瓶形树干，花朵小且不对称；三是由 *M. arborea* Verdc.、*M. rivae* Chiov.、*M. borziana* Mattei.、*M. pygmaea* Verdc.、*M. longituba* Engl. 和 *M. ruspoliana* Engl. 组成的块根型，该种类型辣木在根苗期和成年期均为肉质块根，花色多样，为两对称花朵。这 13 个种中只有 *M. oleifera*、*M. stenopetala*、*M. peregrina* 和 *M. ovalifolia* 4 个种有栽培价值。常见种植的主要是印度辣木树（*M. oleifera*）和非洲辣木树（*M. stenopetala*）两个种。此外，与

辣木同属的还有 *M. arborea*、*M. borziana*、*M. concanensi*、*M. drouhardii*、*M. hildebrandtii*、*M. longituba*、*M. pterygosperma*、*M. pygmaea*、*M. ruspoliana* 和 *M. rivaea* 等[4]。

M. oleifera Lam. 原产于印度北部喜马拉雅山脉，由于口感好、萌发能力强，是目前栽培面积最大、被研究最多的辣木种，广泛分布在印度、埃及、菲律宾、斯里兰卡、泰国、马来西亚、巴基斯坦、新加坡、古巴、尼日利亚和坦桑尼亚等国家或地区，其中印度的种植面积最大，古巴近两年也开始大力推广种植此类辣木种，目前在我国华南及西南地区的热带及南亚热带地区有种植。

三、培植方法

（一）有性繁殖

目前辣木的主要繁育方式为播种育苗。辣木籽无休眠期，很多情况下随采随播。辣木籽含油量高，外壳坚硬，且有纸质外翼，给播种育苗带来一定困难，采用干播通常难以发芽，播种前对种子预处理可提高种子繁殖成活率。郑燕珊等[5]的研究表明，40℃左右的温水浸泡种子10h后播种，不仅可以杀死辣木籽内附着的病菌，而且可以保证种子发芽率及幼苗的成活率。低浓度钙离子（10mmol/L）浸种也可以显著提高发芽率，提高种苗素质，但是会延迟种胚萌发[6]。龚德勇等[7]研究发现，"福生催芽灵"可以提高辣木籽发芽率并缩短发芽时间，试验的3个辣木品种发芽率平均提高了11.6%，发芽时间缩短了5d。周明强等[8]种子采用不同药剂处理辣木籽，发现药剂处理对提高辣木出苗率有一定效果，其中1%促根壮苗剂和10g/L磷酸二氢钾浸种效果最明显。杜春花等[9]发现温度对辣木籽萌发率有极显著的影响，发芽率随温度的增高明显降低。同时还发现不同温度下辣木幼苗生长状态不同，高温条件下萌发的幼苗纤细，叶色黄绿，移栽成活率低。辣木籽理想的萌发温度为20~25℃，25℃时种子发芽势最高，且幼苗叶色浓绿，粗壮，移栽成活率高。

辣木籽的发芽多集中在播种后的6~15d，超过20d后未发芽的辣木籽基本上丧失了发芽能力。萌芽后胚轴转化为茎和叶的速度很快，此时辣木需水量高，但在这个阶段应以叶面水供应为主，应用喷雾方式增加空气湿度，不能造成基质水分过多，否则会引发肉质根腐烂[5]。播种15d后的肉质根已初步形成，肉质根不耐水浸泡，通常可以选用通气透水性强的河沙或珍珠岩等作为基质，此时期也要注意基质中水分的控制管理[10]。

（二）扦插繁殖

扦插育苗可保持母本的遗传性状，缩短良种选育时间，增加苗木的来源，广泛应用于农林生产。陈东阳认为辣木常规扦插育苗成活率低，需采取促进生根措施，用低浓度的萘乙酸（100mg/L）或吲哚丁酸（200mg/L）处理，可明显提高插穗生根率[11]。王洪峰等[10]认为辣木扦插容易生根，生根剂不是决定扦插生根的主要因素，影响辣木扦插繁殖成活率的主要因素是生根后植株根系腐烂，因此扦插繁殖的关键在于基质的水分管理。

（三）组织培养

辣木新种播种后萌发率可达80%，储藏一年后的种子萌发率下降为50%，随着储藏时间延长，种子萌发率逐渐降低。且辣木籽价格昂贵，每粒种子5~8元，采用种子苗繁殖难以在短时间内获得大量苗木。扦插繁殖对母本需求量大，且目前还未建立高效率的辣木扦插繁殖体系。目前关于辣木快速繁殖的研究报道较少，已报道的文献中有关外植体的选择包括多年生或当年生的新梢茎段[12,13]、人工控制条件下萌发的新梢[14]及辣木种胚诱导的无菌苗[15,16]等。

辣木中有内生菌，因此培养前彻底消毒很重要，一般采用75%的酒精与0.1%的氯化汞配合消毒，根据不同外植体的生理特性应选择合适的消毒剂浓度和消毒时间，建立快速且高效的消毒体系。新梢和嫩枝酚类化合物含量少，相较于休眠茎段，树龄大的茎段更容易消毒和成活。室内条件下生长的辣木比室外易消毒，胚不易被污染且具有极幼嫩的分生组织细胞，所以种胚获得的试管苗是离体快速繁殖的重要外植体来源。

四、辣木在我国的传播

19世纪辣木从印度传入我国，在我国已有超过百年的历史。台湾是我国辣木最早的种植地区。1910年，日本人从新加坡引进了辣木在我国台湾地区试种，当时只作为标本植物栽培，目前台湾种植面积已达 45000 亩①，主要用于商业性开发。随着葡萄牙殖民者雇佣的印度军警的入侵，辣木也被带入我国澳门地区，至今仍有当时引入的辣木在澳门地区生长繁衍。1940 年前后，日本试图用辣木解决在太平洋地区作战官兵的营养缺乏问题，曾将辣木引入我国海南岛种植，至今还有辣木散布在海南岛。1960 年后，辣木作为绿化树木从印度、东南亚和非洲引入我国西南地区。1998 年以来，海南省开始大面积引种辣木，主要作嫩叶、果荚和辣木叶茶产品的开发。近些年，湖南、湖北、广西等地也有商家引进开发辣木。2006 年，辣木种植面积达 3000hm²，所种植的辣木均用于商业性开发，主要产品有鲜食辣木蔬菜、辣木叶粉、辣木茶和辣木籽等。目前我国开展辣木种植的地区，已逐步扩大到云南、海南、广东、广西、福建、贵州等地，但规模化种植的区域仅在云南、海南、广东三省，且已成熟的辣木种植基地面积总量不大。

云南在引进辣木方面做了很多工作。20 世纪 60 年代初，云南景洪开始辣木引种工作。2002 年，他们专门引进了缅甸和印度的辣木籽，在具有干热河谷气候特点的元阳县进行种源试验及繁殖栽培技术研究。2003 年，原产于印度的辣木在景洪市试种成功。2004 年，云南引进印度的 2 个多油辣木改良种 PKM1 和 PKM2，育苗 1500 株。2005 年，云南又引入了 2 个海南辣木种源、3 个中国台湾种源及 3 个印度种源，分别定植于思茅、瑞丽、开远、永仁、东川 5 个引种点，植株均可以正常生长、开花、结实和繁育。到 2010 年，景洪市已建成 100 多亩辣木种植基地，并开发出纯叶粉、辣木籽油、胶囊、素片及辣木蜂蜜酱等产品。

中国最初引种辣木是作为药用植物，种植规模较小[17]。随后，发现辣木重要的营养和药用价值，越来越多的地区开始重视辣木的引种培育和开发利用。到目前为止，我国台湾、广东、广西和福建等地均有辣木种植基地。近几年，国家对辣木的引种及研究开发表现出了高度的重视，2006 年 10 月，我国"十一五"规划将辣木作为"商品林定向培育及高效利用关键技术研究"重点研究对象之一。2012 年 11 月，我国卫生部批准辣木叶作为新资源食品，加快了辣木新品种的培育、栽培及病虫害防治新技术的研究推广。到 2014 年 7 月，习近平主席访问古巴时将辣木籽作为国礼赠送给古巴革命领导人菲德尔·卡斯特罗，宣布成立中国−古巴辣木科技合作中心，辣木在中国也名声大噪。

---

① 1 亩 = 666.67m²。

第二节　辣木的价值

一、食用价值

辣木富含矿物质、蛋白质、维生素等营养成分，被西方科学家称作是"上帝赐予人类的奇迹之树"。辣木全株均可食用，又有"蔬菜树"之称，最有经济价值的是其叶、花、果及根等部位。苗期的辣木可以整株煮食，新鲜未成熟的果荚、成熟的果荚、未成熟的种胚、叶、花、根均可食用，可以煎炸、煮食，也可做成罐头加工品、泡菜等。肉质的根有辛辣的味道，磨成细粉，可作为山葵香辛类调味品使用。辣木籽含油量约30%，所提炼的辣木籽油含80%以上的不饱和脂肪酸。提炼后的辣木籽油呈现透明黄色，芳香且几乎没有任何其他味道，性质稳定且耐反复煎炸。经过脱胶处理的辣木籽油，其诱导期是橄榄油的9~16倍。即使不经过脱胶处理，其诱导期也是橄榄油的4.4倍。即在加速氧化条件下，辣木籽油的性质和状态维持稳定的时间更长。因此，辣木籽油非常适合一般家庭及餐饮业烹饪使用。在东南亚国家，辣木鲜叶被当作季节性食用蔬菜，嫩叶类似于菠菜，食用方式是烹调为汤或沙拉。老叶采收后可经干燥加工成粉末直接使用，或作为食品添加物。辣木树干上的树脂是一种增稠调味物质，有类似玉米粉的功效[18]。

辣木花略微变白后，可以作为调味料加入到色拉中。在印度，辣木花既可单独炒吃，也可干制后与其他食物混合食用。辣木嫩果在适宜采摘期也可食用，外形类似豇豆，尺寸较大，味道有点像芦笋。辣木种壳带有苦味，需用沸水焯过后，去掉种壳得到种子仁，烹饪方法类似青豆。晒干的辣木籽可以打磨成干粉，成为一种辣味调料。成熟辣木的叶、花、果及根主要作为食品添加剂、保健食品以及植物制药的加工原料进行开发和利用。但目前并不提倡食用辣木根和种子，辣木根中含有约1.05mg/g的生物碱（如辣木素）和一种称凤尾辣木素的杀菌剂。这两种物质如持续大量摄取将不利于健康甚至会危及生命。种子中含有一定量的生物碱（即辣木素和神经辣木素）和皂角苷，长期持续生食辣木籽有损健康甚至会危及生命。因此，在食用辣木根和种子时必须控制食用量。

目前常见的辣木食谱有：辣木蛋花羹（汤）、辣木沙拉（冷盘）、辣木叶红豆汤、辣木叶鱼汤、玉米辣木叶、椰丝辣木汤、辣木叶汤、辣木酸菜汤、辣木蔬菜汤、辣木馒头、辣木饼、辣木煎鸡蛋、辣木籽炒虾仁、辣木嫩尖炒虾仁、辣木嫩尖炒腊肉、辣木炒牛肉、辣木清汤、辣木清汤鸡、傣味辣木等[19]。

二、饲用价值

辣木叶中含有丰富的蛋白质、氨基酸、维生素，其中蛋白质含量可达30.3%[20]，与大豆相近，因此，辣木叶是一种理想的植物蛋白饲料[21,22]。辣木不同部位中粗蛋白质和粗纤维的含量差别较大，其中辣木茎比辣木叶中的蛋白质含量低很多，但高于其他植物饲料[23]。

在很多国家，辣木叶粉作为蛋白质补充料被用于乳牛的饲粮中，不仅可以减少饲料成本，而且有助于提高牛乳品质和产量，同时提高饲料消化率[24~26]。对于高产量的辣木来说，人们还可以用其生产大量优质青储饲料饲喂乳牛[27]。研究显示，山羊饲粮添加辣木叶粉，将会显著提高饲粮摄入量和饲料利用率（$p<0.05$）[28]，辣木是在山羊饲粮中营养价值超过银合欢的唯一一种植物[29]。在干草混合日粮中使用辣木可改善羊瘤胃环境，并且可以显著提高羊羔生长率[30]。我国的很多绵羊养殖户为节约成本，使用低蛋白饲料，相比之下，辣木中蛋白质、能量和矿物质含量丰富，且可消化率较高，在降低成本、优化生产力方面具有很大的优势[31]。

黄羽肉鸡饲料中添加10%~15%辣木叶能够有效提高经济效益[32]。向猪饲料中添加辣木可提高猪的体重净增率和饲料利用率，同时可以缩短饲养周期。饲喂辣木的猪肉品质比常规饲料饲喂猪肉品质好，胆固醇（CHOL）较低，适合血脂高的人群食用。在罗非鱼饲料中添加辣木叶粉，能够降低饲料系数。有研究发现，通过乙醇萃取后的辣木叶粉可替代30%的鱼粉，且不会影响罗非鱼的生长性能[33]。但也有研究表明，罗非鱼相对敏感，使用辣木过多会对其生长性能造成影响[34]。通常认为，添加10%以下的辣木叶粉对鱼的生长是安全可行的[35,36]。

三、药用价值

辣木对调节人体皮肤系统、消化系统、泌尿系统及代谢系统均有一定疗效，在医药方面可发挥巨大作用。在印度传统的阿育吠陀医学体系中，辣木被视为一种药用植物，常用于辅助治疗糖尿病、高血压、心血管病、肥胖症、皮肤病、眼疾、免疫力低下、坏血病、贫血、佝偻、抑郁、关节炎、风湿、消化器官肿瘤等疾病。现代临床医学研究也证明辣木确实具有药用功效，国际上已经有十四项含辣木的药品专利。

辣木种胚粉末含抗菌成分，可制作消炎药膏。辣木叶有重要的抗氧化、抗炎、抗血小板凝集、抗菌、抗肿瘤等活性。Tahiliani[37]研究推测，辣木提取液通过降低过氧化物含量、增加抗氧化物含量来降低抗结核病药物对肝脏的副作用，调节肝脏功能。有研究表明，辣木叶水提液能使高脂大鼠血清、肝脏和肾脏中的CHOL含量分别降低14.35%、6.40%和11.09%，并使血清蛋白增加15.22%[38]。辣木根或者叶的甲醇提取物具有止痛作用，且根与叶在止痛效果上相互协同[39]。辣木维生素含量丰富，可用于辅助治疗由于维生素缺乏引发的疾病，例如脚气病、佝偻病、坏血症。Babu等[41]研究发现，辣木中维生素A的含量远高于其他马维拉本土植物[40]，在辅助治疗由于维生素A缺乏引起的夜盲症上效果显著。辣木对于宿便的排除更有惊人效果，贺敏等[42]以辣木叶浸提液对小鼠便秘模型进行研究，发现辣木液具有通便功效，可以提前便秘小鼠首次排便时间，增加粪便粒数和干粪便的重量。辣木根内含辣木素，可抑制革兰阳性菌和革兰阴性菌的生长，用于辅助治疗皮肤感染[43]。段琼芬[44]用辣木籽油处理家兔皮肤创伤部位，结果发现辣木籽油可缩短创面愈合时间，促进创伤愈合。

四、经济价值

辣木带给人们巨大的经济利益，堪称"植物钻石"。辣木树干呈白色，无味，是制作筷子的良好材料，也可作为纸浆、纺织品、玻璃纸粘胶等的工业原料。辣木生长速度快，成材所需生长时间短，是速生木本植物，这在一定程度上能满足工业对木材的需求，缓解森林乱砍乱伐现象，保护了生态环境。

成熟的辣木籽含38%~40%的非干性油。辣木籽油呈淡黄色[45]，成分与橄榄油相似，由14.7%的饱和脂肪酸和84.7%的不饱和脂肪酸组成，不饱和脂肪酸中又以油酸居多，约占70%[46]。辣木种胚压榨前无须加热，辣木籽油可以标识"冷榨油"或"纯天然植物油"等，作为高级食用油出售。冷榨的辣木油中有天然抗氧化物质，因此辣木籽油性质非常稳定，不易腐败[48]。由于辣木籽油不易氧化，具有强效的洗涤和造泡作用，是制皂、中高档化妆品、润滑剂、防腐剂和香料的优质原料[45]。辣木籽油可用于航天、钟表、高温高压等特殊条件下的机械润滑[49]。在食品工业中，辣木籽油可以作为无毒的食品级安全润滑油[50]。皮革工业中，辣木油可以代替鲸油，软化皮革。另外，辣木籽油还具有保香特性，用于香水工业。在唇膏、按摩油、洗发香波、肥皂等的工业生产中也有应用[51]。辣木籽油燃烧时几乎无气味，可作为照明材料开发成汽油替代品。

目前，城市饮水处理主要是采用硫酸铝等化学药品。过量的化学药品正是威胁人类健康的隐形杀手，过量的铝会引起早老性痴呆[52]。有研究表明，辣木具有净水作用，埃及和苏丹尼罗河的水质就是通过辣木净化后供人饮用。辣木籽榨油后的油饼富含蛋白质，这些蛋白质属于纯天然的无毒多肽物质，可用于有机、无机颗粒沉淀，如水净化处理、植物油澄清以及饮料与啤酒工业中纤维沉淀处理。20世纪80年代，科学家就开始研究辣木在水净化方面的作用，研究发现，辣木种胚的水净化能力大于辣木的其他部位[53]，其凝絮作用甚至可以媲美硫化铝[54]。种胚磨成粉可以净化污水，粉末中富含带电荷的蛋白质，不仅可以絮凝浑水中悬浮的颗粒，还可沉淀致病微生物，把高危的污水变成饮用水，且无毒副作用[55]。辣木种胚净水操作简单，成本低，一粒辣木种胚的粉末，可以净化1L浑水。辣木籽含有天然凝聚成分，其水活性成分是低分子水溶性蛋白质，分子质量约为3000u，对附近的固体悬浮颗粒有较大吸附力，可将许多微小的颗粒吸附聚集成较大的颗粒，使其在水体中很容易沉淀。近99%的细菌能被这种活性凝结成分除去，而且处理后的饮用水对人体没有任何毒副作用，可以说这种天然凝聚成分是最具希望的天然凝聚剂[52,56]。其精提物的絮凝活性是粗提物的34倍[57]。全球工业化的发展必然加剧工业废水污染问题，因而开发辣木水处理剂产品有着广泛的市场前景。

五、生态价值

辣木属小乔木常绿或半落叶植物，树型、花型美观，具有很好的绿化环境作用，可用于间作植物或篱笆植物。辣木生长快，修剪后萌发快，根系深，无侧根。树冠松散，能防止下层作物过度荫蔽，同时形成的树荫还可保护混作作物免受太阳毒晒，与周围混作作物几乎无竞争关系，是较理想的混农林物种。

辣木可以单一种植，亦可以与其他热带作物相互间作，成为热带作物生态农业系统中的一个物种成分，既可提高土地利用率和单位面积生产力，又可降低投入风险，增加农民收入。以混农林模式种植辣木，既可提高土地利用率和单位面积生产力，又同时起到维护或提高土壤肥力，防止水土流失，保护和改善生态环境的作用，是山区农业的重要栽培模式。

六、社会文化

辣木正日益受到人们的关注。辣木多个部位可供食用，不易遭受虫害，投入少产出多，对改善贫困地区人民的营养状况、促进贫困地区的经济发展具有重要价值。例如，20 世纪 70 年代基督教世界救济会（Church World Service，CWS）在非洲西部推广辣木替代棕榈树项目，来解决因虫害造成棕榈树减产而引发的饥荒，并倡导种植辣木，希望通过这种方式来帮助西非人民对抗营养不良及提升艾滋病患者自体免疫力（该疗法正在临床试验中）。基督教世界救济会在非洲西部组织帮助贫民种植辣木 $70hm^2$，发展辣木密植技术，促进辣木产业发展[58]。

2014 年 7 月 22 日，习近平主席在古巴访问期间，将辣木作为国礼送给古巴领导人，提升了辣木产业的认知度和影响力。辣木种植与新农村建设结合，能带动农村发展和农民致富，辣木项目的实施还能带动当地就业。发展辣木产业也符合发展非木质利用产业方向，既能把高效益林业与生态林业建设相结合，又能增强森林的防灾抗灾能力。

近几十年来，我国发展辣木有了一定的产业基础，随着人民生活水平和饮食营养健康意识的不断提高，对辣木产品的需求将与日俱增。辣木产业是农业外交的重要载体，也是发展新资源增进国家粮食安全的新途径，对增加农民收入、促进产业结构的调整意义重大。

参考文献

［1］ Mckinney M L.Heterochrony in evolution,Heterochrony in Evolution［M］.New York:Plenum Press.1988:327-340.

［2］ Fuglie L J.The miracle tree:*Moringa oleifera*:Natural nutrition for the tropics ［J］,1999.

［3］ Verdcourt B.A Synopsis of the Moringaceae［J］.Kew Bulletin,1985,40(1):1.

［4］ 张燕平,段琼芬,苏建荣.辣木的开发与利用［J］.热带农业科学,2004,24(4):42-48.

［5］ 郑燕珊.辣木的种子苗繁殖技术［J］.广东农业科学,2009,(3):178-179.

［6］ 吴娟子,赵洁.钙和钙离子载体 A23187 对水稻早期胚胎离体发育的影响［J］.植物科学学报,2003,21(5):375-384.

［7］ 龚德勇,刘清国,班秀文,等.辣木籽的发芽特性及育苗试验初报［J］.贵州农业科学,2006,34(s1):80-81.

［8］ 周明强,刘清国,田大清,等.几种药剂处理对辣木出苗率的影响［J］.安徽农业科学,2009,37(12):5714-5715.

［9］ 杜春花,陆斌,陈芳,等.辣木籽发芽试验及容器苗苗木分级研究［J］.西北林学院学报,2008,23(1):108-110.

［10］ 王洪峰,韦强.辣木播种育苗及扦插繁殖技术研究［J］.林业与环境科学,2008,24(1).

［11］ 陈东阳.辣木育苗试验［J］.亚热带农业研究,2010,6(1):26-28.

［12］ 朱尾银.辣木的组织培养及快速繁殖研究［J］.安徽农学通报,2011,17(7):54-54.

［13］ 黎国运,李大周,徐佩玲,等.辣木组培育苗技术研究总结［J］.热带林业,2006,34(1):31-32.

［14］ 王洪峰,韦强.利用辣木茎段建立植株再生体系的研究［J］.浙江林业科技,2008,28(5):40-43.

［15］ 罗云霞,陆斌,陈芳,等.辣木组织培养试验［J］.广东农业科学,2007,(6):

36-38.

[16] 向素琼,梁国鲁,郭启高,等.辣木组织培养与四倍体植株诱导[J].热带亚热带植物学报,2007,15(2):141-146.

[17] Jahn S A A.On the introduction of a tropical multipurpose tree to China traditional and potential utilisation of *Moringa oleifera* Lamarck[J].Senckenbergiana Biologica,1996,75(1-2):243-254.

[18] 刘昌芬,伍英,龙继明.不同品种和产地辣木叶片营养成分含量[J].热带农业科技,2003,26(4):1-2.

[19] 段琼芬,张燕平.蔬菜树——辣木[J].植物杂志,2004,(1):23-23.

[20] Moyo B,Masika P J,Hugo A,et al.Nutritional characterization of Moringa (*Moringa oleifera* Lam.) leaves[J].African Journal of Biotechnology,2013,10(60):12925-12933.

[21] 杨东顺,樊建麟,邵金良,等.辣木不同部位主要营养成分及氨基酸含量比较分析[J].山西农业科学,2015,43(9):1110-1115.

[22] 饶之坤,封良燕,李聪,等.辣木营养成分分析研究[J].现代仪器与医疗,2007,13(2):18-20.

[23] Oliveira J T A,Silveira S B,Vasconcelos I M,et al.Compositional and nutritional attributes of seeds from the multiple purpose tree *Moringa oleifera* Lamarck[J].Journal of the Science of Food and Agriculture,1999,79(6):815-820.

[24] Kakengi A,Shem M,Sarwatt S,et al.Can *Moringa oleifera* be used as a protein supplement to ruminants[J].Asian Australasian Journal of Animal Sciences,2005,18:42-47.

[25] Akinbamijo O,Adediran S,Nouala S,et al.Moringa fodder in ruminant nutrition in the Gambia[J].International Trypanotolerance Centre,2004.

[26] Sánchez N R,Ledin I.Effect of feeding different levels of foliage of *Moringa oleifera* to creole dairy cows on intake,digestibility,milk production and composition[J].Tropical Animal Health & Production,2006,101(1-3):24-31.

[27] Sarwatt S V,Milang'ha M S,Lekule F P,et al.*Moringa oleifera* and cottonseed cake as supplements for smallholder dairy cows fed Napier grass[J].Livestock Research for Rural Development,2004,16(6):13-20.

［28］ Sarwatt S,Kapange S,Kakengi A.The effects on intake,digestibility and growth of goats when sunflower seed seed cake is replaced with *Moringa oleifera* leaves in supplements fed with Chloris gayana hay［J］.Agroforestry systems,2002,56: 241-247.

［29］ Manh L H,Dung N N X,Tran P N.Introduction and evaluation of *Moringa oleifera* for biomass production and as feed for goats in the Mekong Delta［J］.Livestock Research for Rural Development,2005,(9).

［30］ Salem H B,Makkar H.Defatted *Moringa oleifera* seed meal as a feed additive for sheep［J］.Animal Feed Science and Technology,2009,150(1):27-33.

［31］ Gebregiorgis F,Negesse T,Nurfeta A.Feed intake and utilization in sheep fed graded levels of dried moringa (Moringa stenopetala) leaf as a supplement to Rhodes grass hay［J］.Tropical animal health and production,2012,44(3):511-517.

［32］ 李树荣,许琳,毛夸云,等.添加辣木对肉用鸡的增重试验［J］.云南农业大学学报,2006,21(4):545-548.

［33］ Afuang W,Siddhuraju P,Becker K.Comparative nutritional evaluation of raw, methanol extracted residues and methanol extracts of moringa (*Moringa oleifera* Lam.) leaves on growth performance and feed utilization in Nile tilapia (Oreochromis niloticus L.)［J］.Aquaculture Research,2003,34(13):1147-1159.

［34］ Dongmeza E,Siddhuraju P,Francis G,et al.Effects of dehydrated methanol extracts of moringa (*Moringa oleifera* Lam.) leaves and three of its fractions on growth performance and feed nutrient assimilation in Nile tilapia (Oreochromis niloticus (L.))［J］.Aquaculture,2006,261(1):407-422.

［35］ 韩如刚,蔡志华,梁国鲁,等.辣木叶粉在鱼饲料中的应用研究［J］.安徽农业科学,2013,41(4):1537-1538.

［36］ Richter N,Siddhuraju P,Becker K.Evaluation of nutritional quality of moringa (*Moringa oleifera* Lam.) leaves as an alternative protein source for Nile tilapia (Oreochromis niloticus L.)［J］.Aquaculture,2003,217(1-4):599-611.

［37］ Ashok Kumar N,Pari L.Antioxidant action of *Moringa oleifera* Lam.(drumstick) against antitubercular drugs induced lipid peroxidation in rats［J］.Journal of Medicinal Food,2003,6(3):255-259.

[38] Ghasi S, Nwobodo E, Ofili J.Hypocholesterolemic effects of crude extract of leaf of *Moringa oleifera* Lam in high-fat diet fed wistar rats[J].Journal of Ethnopharma-cology,2000,69(1):21-25.

[39] Manaheji H, Jafari S, Zaringhalam J, et al.Analgesic effects of methanolic extracts of the leaf or root of *Moringa oleifera* on complete Freund's adjuvant-induced ar-thritis in rats[J].Zhong Xi Yi Jie He Xue Bao,2011,9(2):216-222.

[40] Babu S C.Rural nutrition interventions with indigenous plant foods-a case study of vitamin A deficiency in Malawi[J].Biotechnologie, Agronomie, Société et Environ-nement,2000,4(3):169-179.

[41] Sung B, Lim G, Mao J.Altered expression and uptake activity of spinal glutamate transporters after nerve injury contribute to the pathogenesis of neuropathic pain in rats[J].Journal of Neuroscience the Official Journal of the Society for Neuro-science,2003,23(7):2899-910.

[42] 贺敏,贺银凤.辣木通便作用研究初探[J].内蒙古医学杂志,2009,41(12):1420-1423.

[43] 甘伟松.药用植物学[M].台湾:国立中国医药研究所,1977.

[44] 段琼芬,李钦,林青,等.辣木油对家兔皮肤创伤的保护作用[J].天然产物研究与开发,2011,23(1):159-162.

[45] 刘昌芬,李国华.辣木的研究现状及其开发前景[J].热带农业科技,2002,25(3):20-24.

[46] 龚萍.浅谈辣木的药食价值[J].实用中医药杂志,2007,23(7):470-471.

[47] Somali M A, Bajneid M A, Al-Fhaimani S S.Chemical composition and character-istics of Moringa peregrina seeds and seeds oil[J].Journal of the American Oil Chemists' Society,1984,61(1):85-86.

[48] 李阳溪,张泽煌,冯贞国.辣木栽培技术[J].福建农业,2006,(1):16-17.

[49] 徐永强.辣木苗期施肥效应和营养诊断研究[D].中国林业科学研究院,2010.

[50] Gilani A H, Aftab K, Suria A, et al.Pharmacological studies on hypotensive and spasmolytic activities of pure compounds from *Moringa oleifera*[J].Phytotherapy Research,1994,8(2):87-91.

[51] 李松峰,黎青.辣木的应用价值及在贵州的发展前景分析[J].农技服务,2007,

24(9):100-100.

[52] Okuda T,Baes A U,Nishijima W,et al.Coagulation mechanism of salt solution-extracted active component in *Moringa oleifera* seeds[J].Water Research,2001,35(3):830-834.

[53] Lea M.Bioremediation of turbid surface water using seed extract from *Moringa oleifera* Lam.(drumstick) tree[J].Current Protocols in Microbiology,2014,33:1G.2.1-8.

[54] Verma S C,Banerji R,Misra G,et al.Nutritional value of Moringa[J].Current Science,1976,45(21):769-770.

[55] Gassenschmidt U,Jany K D,Bernhard T,et al.Isolation and characterization of a flocculating protein from *Moringa oleifera* Lam[J].Biochimica et Biophysica Acta (BBA)-General Subjects,1995,1243(3):477-481.

[56] Ndabigengesere A,Narasiah K S.Quality of water treated by coagulation using *Moringa oleifera* seeds[J].Water Research,1998,32(3):781-791.

[57] Lalas S,Tsaknis J.Characterization of *Moringa oleifera* seed oil variety "Periyakulam 1"[J].Journal of Food Composition and Analysis,2002,15(1):65-77.

[58] Kral R.Pinus.Flora of North America Editorial Committee (eds.):Flora of North America:North of Mexico [M]. Oxford and New York:Oxford University Press,1993.

第二章　辣木的营养成分

辣木中不仅含有丰富的蛋白质、氨基酸、脂肪酸、矿物质、多糖、维生素、纤维素等营养成分[1,2]，还含有多酚、黄酮、生物碱、皂苷、甾醇等功能活性成分[3,4]，具有较高的食用价值和药用价值，在医疗、保健等方面应用广泛[5]。辣木在印度、非洲等地有"素食黄金"之称[8]，同时，辣木被广泛地推崇为保健食品，被誉为"植物中的钻石"[9]。研究表明，每100g辣木中的维生素C含量是柑橘的7倍，铁含量是菠菜的3倍，维生素A含量是胡萝卜的4倍，钙含量是牛乳的4倍，钾含量是香蕉的3倍，蛋白质含量是酸乳的2倍[6,7]。螺旋藻是世界公认的优良保健品，但辣木中维生素C、维生素E、维生素B$_6$、叶酸、生物素、钙、钾、镁、锰、硒含量比螺旋藻还高，其中维生素C、维生素E、叶酸、钙和锰含量超过螺旋藻8倍以上[6]。

辣木全身是宝，鲜叶、嫩果荚可作为蔬菜食用，干种子可以打成粉末作为调味料，幼苗的根干燥后也可以打成粉末作为调味料[10]。辣木可加工成各种特色产品或保健品，已开发的有辣木油、辣木茶、辣木罐头、辣木粉等[11]。目前，辣木开发主要集中在功能性食品、保健品、饲料、水源净化、化妆品原料、植物生长促进剂和杀菌剂等方面[12]。本章主要介绍辣木中营养成分的种类、含量、提取方法以及辣木中功能活性成分、抗营养因子等，为辣木营养学研究和开发利用提供参考依据。

第一节　概述

辣木是非洲人的天然厨房，为其提供了丰富的蛋白质、维生素、矿物质、纤维素和其他营养成分，是当地传统的烹饪食物[13]。目前，关于辣木营养成分的研究主要集中在辣木叶、籽、果荚、根、茎等组织上，也有少量研究针对辣木的树皮、嫩梢、籽壳、花等组织。多项研究表明，不同地区、品种、部位、生长阶段的辣木植株中各种营养物质含量和种类存在差异，研究它们之间的相似性和差异性为更好地开发和利用辣木中营养成分提供了参考依据[14~16]。

Abdulaziz 等[17]研究发现辣木不同组织中水分、灰分、粗蛋白质、粗纤维、粗脂肪和碳水化合物的含量差别较大。分析辣木叶、茎、籽和籽壳 4 个部位的营养成分，发现辣木不同部位的蛋白质、总糖、粗脂肪、粗纤维、总淀粉、总黄酮和维生素 C 等营养成分均存在差异。蛋白质和粗脂肪在辣木籽中含量最高，分别为 37.8% 和 40.12%；总糖在辣木叶中含量最高，为 15.12%；粗纤维在辣木籽壳中含量最高，为 52.36%；总黄酮和维生素 C 在辣木叶中的含量远远高于其他部位。杨东顺等[18]比较了辣木不同部位的营养成分，得到了相似的结论。郭刚军等[19]发现辣木叶中的蛋白质、维生素 E、维生素 C、维生素 B_6、β-胡萝卜素、镁、钙、磷含量比其他组织高，茎中膳食纤维、铜、锌、锰含量比其他组织高，根中碳水化合物与铁含量比其他组织高。

在不同的研究中辣木各组织中的营养成分含量存在差异，可能是由于辣木的生长地区、品种等之间的差异造成的。Melesse 等[20]研究了海拔高度和季节对两种辣木的叶子和果荚营养成分的影响，结果表明除纤维素外，各营养成分含量均受海拔高度影响，而季节对纤维素和碳水化合物影响较大，并且不同品种的辣木受影响程度不同。

因此，在实际加工过程中，针对辣木不同品种及不同部位所含营养成分的不同，应采取不同方法，最大限度保留其营养成分[15]。

一、辣木叶

辣木叶含有丰富的营养成分，是目前辣木植株中资源最丰富、采集最简便、开发最早、研究最多的部位。

研究显示，每 100g 印度传统辣木的新鲜叶片中维生素 E 含量约为 9mg，干燥叶片中的含量约为 16.2mg。据计算，一份 25g 的辣木干叶粉含有幼儿每日所需的 270% 维生素 A、125% 钙、70% 铁、42% 蛋白质以及 22% 维生素 C。对怀孕和哺乳中的女性而言，辣木叶亦可提供大量的铁、蛋白质、铜、硫和 B 族维生素等，帮助她们及胎儿或婴儿维持健康[21]。

辣木干叶中含有 30.3% 的粗蛋白，脱脂辣木叶粉含有 18.36% 蛋白质，是补充蛋白质的一种重要来源。辣木叶中含有 19 种氨基酸及多种微量元素：钙（2.97mg/100g）、镁（1.9mg/100g）、钾（4.16mg/100g）、锌（1.58mg/100g）、铜（3.38mg/100g）和铁（103.12mg/100g）。此外，β-胡萝卜素含量达 161μg/g[1]。辣木叶是蛋白质营养的重要来源，脱脂叶粉富含蛋白质（18.36%）且含有多种必需氨基酸，辣木叶中必需氨基酸的含量高于辣木籽，辣木中的限制性氨基酸为色氨酸，辣木叶中色氨酸的含量也明显高于辣木籽中色氨酸的含量[22]。

测定辣木营养成分时，辣木的种植地区和种植技术不同，结果会不同，采样部位及样品处理方法也会造成结果的不同。种植地区会对辣木的营养成分和其他组成成分如重金属含量等有所影响。初雅洁等[16]选取了云南省 6 个地区辣木样品进行分析，结果显示不同地区辣木叶的营养成分差别明显，这些差别反映了辣木种植品种、栽培管理技术以及环境条件等对辣木营养成分和重金属含量影响较大。刘昌芬等报道了不同品种和产地辣木叶的矿物质含量，测定结果中除钠、钾、铁的含量高于文献报道外，其他元素含量均较低，其中钙、锰含量非常低，这可能是样品采样部位不同所致，此外也可能是栽培土壤及技术和样品处理方法不同造成的。因此，辣木本身存在着个体差异、地区差异和自然变异等问题，根据不同的研究目的应合理选择适宜地区的辣木品种[23,24]。

辣木叶对降血糖、保护心脏和肝脏、治疗溃疡、抗癌、抗菌消炎等具有一定辅助作用[25]。辣木叶还具有强大的抗氧化活性，其水提取物经动物实验证明非常安全，大量研究表明辣木叶的水、水醇和醇提取物具有更多的生物活性，如具有一定的抗氧化、降血糖、降血脂、组织保护（肝、肾、心脏、睾丸和肺）、镇痛、抗溃疡、抗高血压、放射防护和免疫调节等功效[21,26~29]。

二、辣木籽

辣木籽中含有大量的油脂、维生素、蛋白质、微量元素，是一种营养丰富的食物。辣木籽粗脂肪含量为 40.12%，蛋白质含量为 37.8%，总糖含量为 9.75%。辣木籽含有 17 种氨基酸，氨基酸总量为 32.53%。辣木籽中脂肪的含量是所有组织中最高的，被广泛地用于辣木籽油的开发。辣木籽中还含有多种矿物质元素，大量元素磷、钾、镁、钙和钠含量分别为 1262mg/kg、1026mg/kg、495mg/kg、

106mg/kg、143mg/kg，且钾、磷的含量远高于钙、镁、钠；辣木籽中微量元素锌、铁、锰、铬和硒含量分别为 69.5mg/kg、30.8mg/kg、29.6mg/kg、8.25mg/kg、0.935mg/kg，且锌、铁、锰含量远高于硒；辣木籽砷、铅、汞和镉等重金属含量非常低[30]。Oluwole 等[31]研究表明发芽和发酵过程可以增加必需氨基酸、脂肪酸和植物化学物质的含量，因此，辣木籽粉可列入人类日常膳食来抑制和降低蛋白质营养不足。

辣木籽是辣木中含油最高的组织，可用于提取辣木籽油，辣木籽油中含有约13%的饱和脂肪酸和 82%的不饱和脂肪酸，油酸的含量高达 70%。辣木籽油含有大量单不饱和脂肪酸，具有良好的抗氧化性、耐煎炸性，是一种食品安全等级很高的食用油脂[32]。油酸可降低血液总胆固醇（TC）和有害 CHOL，是膳食中单不饱和脂肪酸的优质来源。不同地区辣木籽含油量及其性能存在差异，其原因主要取决于种源和生长的环境条件[33]。

辣木籽可降低血糖水平，减轻神经元损伤程度，改善脑病患者的学习认知障碍[35]。辣木籽还具有较好的吸附作用，可作为净化剂吸附水中的如铜、铬、锌、铅、镉等重金属和一些杂质，最佳剂量为 100mg/L，净水效果与聚氯化铝相当[36~38]。

三、辣木果荚

辣木果荚含有丰富的营养物质，嫩果荚可作为蔬菜食用[39]。辣木果荚中含有 18.4%粗蛋白、16.9%粗脂肪、10.4%碳水化合物和 30%氨基酸。未成熟的果荚中膳食纤维含量非常高（39.2%），仅次于辣木茎[17]。Sánchez-Machado D 的研究结果表明，未成熟的辣木果荚中纤维素的含量为 46.78%，高于辣木叶和花。另外，在辣木果荚中共检测到 13 种脂肪酸，其中不饱和脂肪酸的含量为 2.54% ~5.40%[41~42]。Gidamis[42]的研究结果表明，未成熟的辣木果荚中蛋白质的含量（20.66%）与辣木叶的蛋白质含量也非常接近[41,42]。但辣木叶中的氨基酸总量是未成熟果荚中的两倍多[40]。辣木嫩果荚中含有多种矿物质和维生素，其中磷、钾、B 族维生素和维生素 C 的含量较其他成分高很多[43]。

四、辣木其他组织

辣木其他组织如辣木根、籽壳、花、树皮、嫩梢、茎等的研究相对较少。辣木根中含有丰富的蛋白质、维生素 C 和多种微量元素。印度辣木根样品中的维生素 C 含量达 10.35μg/g，镁、钠、钾和钙含量较高，其中钾的含量达 20.4mg/g。辣木根既能降低血脂和 CHOL，也能提高机体对疾病的抵抗力，具有抗衰老的功能，具有很广阔的开发价值。辣木树皮对重金属铬（Ⅵ）具有良好的吸附作用[44]。辣木花可作为蔬菜食用，辣木嫩梢中蛋白质、维生素 C、钾、铜、磷含量高于辣木叶片和全脂乳粉，粗纤维含量低于辣木叶片，粗脂肪、钙含量低于辣木叶片和全脂乳粉，镁、铁、锌的含量介于辣木叶片和全脂乳粉之间[45]。辣木茎中的膳食纤维含量非常高，且含有一定量的蛋白质、脂肪和碳水化合物[17]。刘长倩利用溶剂萃取、柱色谱、LH-20 凝胶、重结晶等方法从辣木茎、叶中分离得到 11 个单体化合物，并对其进行了鉴定，其中有 3 种化合物是首次在辣木中分离得到[46]。

关于辣木营养成分的开发还不够全面，需要更多的研究去探索辣木中对人类有益的成分，为其相关产品的深加工及利用创造价值。辣木的每一种营养成分都值得人类深入的研究和探索，通过对其营养成分的全面分析为今后研究的方向提供参考，因此，下一节将对辣木中各种营养成分进行详细的分析概括。

第二节　辣木中主要营养成分

辣木几乎涵盖了人体生命活动所需要的全部营养素，本节介绍了辣木中的主要营养成分，也是目前研究较多的营养成分，包括蛋白质、氨基酸、脂肪、脂肪酸、多糖、维生素、矿物质等。

一、蛋白质

辣木蛋白质来源丰富，被世界各地营养师推荐来解决营养不良的问题，是一种极具开发价值的营养成分[47]。辣木粗蛋白是一种含有多种必需氨基酸的优质蛋白质，其蛋白质含量比螺旋藻中的含量还要高[40]。辣木叶中蛋白质含量非常丰富，辣木鲜叶中的蛋白质含量为 22.42%~25.10%[41,48]，干叶粉中含有 27.1%

的粗蛋白，是牛乳中蛋白质含量的 4 倍。辣木籽中粗蛋白的含量范围为 32% ~ 45%，人们除了通过鸡肉（22%）、猪肉（12% ~ 14%）和牛肉（16% ~ 18%）来摄取蛋白质外，辣木籽食物也是一种很好的蛋白质来源[50]。Gidamis 等[42,49]研究发现，辣木未成熟的果荚中蛋白质含量为 20.66%，与辣木鲜叶中蛋白质含量很接近，但个别研究中蛋白质含量不在这个范围。

（一）不同因素影响下辣木中蛋白质的差异

1. 地区因素

不同地区海拔和气候存在差异，且土壤的成分也不尽相同，因此，在不同地区生长的辣木中的营养成分也会存在差异。初雅洁等[16]分析了云南省 6 个不同地区辣木的营养成分，发现蛋白质含量有着明显的差异，从 17.07% 到 28.27% 不等，其中德宏的辣木总蛋白质含量最高，大理的辣木总蛋白质含量最低。水溶性蛋白质的含量为 3.70% ~ 9.29%，德宏辣木中水溶性蛋白质的含量最低，以楚雄地区水溶性蛋白质的含量最高。中国西南部地区不同的种植密度显著影响了多雨季节辣木的粗蛋白含量，而干旱季节的差异不显著。干旱季节的辣木中粗蛋白含量要低于多雨季节的含量，这可能是因为旱季降雨量减少，土壤营养缺乏，植物之间的竞争加剧等原因，导致了蛋白质的降解增加，从而降低了辣木中粗蛋白的含量。但不同修剪高度的辣木中粗蛋白的含量并未发现有显著差异[51]。

2. 品种因素

不同品种间的蛋白质含量也存在较大的差异，通过分析 7 个品种辣木叶中的粗蛋白，发现巴基斯坦的辣木品种中粗蛋白的含量最高为 31.4%，几乎超过了所有辣木品种中有记载的蛋白质含量。但也有学者有不同的发现，巴基斯坦和巴西辣木成熟籽中的蛋白质含量分别为 30.07% 和 33.26%[52,53]。然而，中国的辣木中粗蛋白的含量最低，为 22.19%。辣木是一种热带植物，虽然在中国仍能够生长，但其营养却达不到热带地区的水平[54]。Olson 等[55]的研究中调查了 67 个辣木品种的蛋白质、大量和微量的营养成分，结果显示不同品种间营养物质存在差异，有的品种蛋白质含量最高，有的钙含量最高，因此，可以根据它们的特点考虑辣木品种试验研究的优先顺序。

3. 组织因素

传统辣木叶被开发利用为食用蔬菜和养殖饲料，主要由于其含有较高的蛋白质。蛋白质的代谢受多种因素的影响，变化的环境因子或环境胁迫等都会影响细胞内蛋白质代谢的变化，这些影响可能也会反应在不同品种、不同采收期、不同组织辣木水溶性蛋白质含量的差异上。

辣木蛋白质在不同组织中的含量不同，辣木叶片中水溶性蛋白质的含量明显高于茎部。不同组织中蛋白质等种类也存在差异，Wang 等[56]利用质谱和生物信息学的方法对辣木进行蛋白组学分析，从 4 个营养组织中鉴定出 201 种蛋白质，其中叶子中 101 种，茎中 51 种，果荚中 94 种，根中 67 种，大多数蛋白质的等电点在 5~10，且分子质量低于 100ku。但是，在 4 个营养组织中都存在的只有 5 种蛋白质。

4. 不同生长期

辣木叶更适合作为蛋白质营养源被开发利用。辣木叶片中的水溶性蛋白质含量受生长期的影响不明显，而辣木茎中的水溶性蛋白质含量受生长期的影响极大。因此，以从利用辣木蛋白质含量高的特性为目的开发，应该考虑季节性、组织间差异等因素[57]。白雪媛[58]等对辣木的研究表明，采用不同测定方法，不同产地和生长年限的辣木中水溶性蛋白质含量不同，其质量也有所差异。对于辣木中水溶性蛋白质的研究也可作为参考，同时对辣木质水溶性蛋白质的种类、分子质量、功效以及它们与环境、栽培条件的关系等问题都有待进一步研究。

（二）辣木中功能性蛋白质

Paula 等[59]从辣木叶中分离出一种名为 Mo-LPI 的蛋白质，研究了其对糖尿病小鼠的降血糖和抗氧化功能。结果发现，注射 500mg/kg BW 的该蛋白质可有效降低小鼠血糖，且可以增加过氧化氢酶（Catalase，CAT）的活性。2500mg/kg BW 的该蛋白质没有引起小鼠急性毒性。由此说明，辣木叶中分离的蛋白质具有一定降血糖功效。Wang 等[56]对辣木中蛋白质的功能分类也进行了详细的研究，如图 2-1 所示。这些研究对于蛋白质不同组织的药用价值开发及植株的生理研究非常有意义。

辣木中几丁质结合蛋白是一种抗真菌蛋白质，从辣木籽中分离的耐高温的几丁质结合蛋白（14.3ku）具有抗真菌活性，浓度为 0.05mg/mL 就有抑制真菌作用，浓度为 0.1mg/mL 为高效杀菌剂，它主要通过抑制真菌孢子的萌发和菌丝的生长发挥其抗真菌活性。该蛋白质在 100℃加热 1h 或用 0.15mol N-乙酰基-D-葡

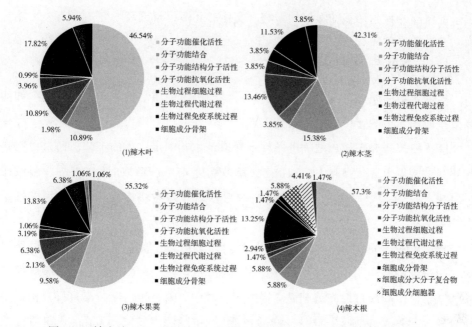

图 2-1　辣木叶（1）、茎（2）、果荚（3）和根（4）中蛋白质的功能分类

糖胺预处理，也可观察到其对孢子萌发的抑制作用[60]。Pereira 等[61]通过进行小鼠的体内体外实验，发现辣木籽中的几丁质结合蛋白具有抗感冒和抗炎的功效，有效地抑制了白细胞的聚集。但是，功能性蛋白质在应用之前必须进行安全评估，通过氨基酸序列分析显示该蛋白质具有低风险，有些地区还强制要求进行动物毒性评价[62]。

　　植物凝血素是一种与细胞质膜上的特定碳水化合物结合的植物糖蛋白，能加速动物淋巴细胞的繁殖和红细胞的凝结。Katre 等[63]发现辣木中含有一种植物凝血素能够促进人、兔凝血，且其促凝性受特异性糖蛋白的影响。Santos 等[64]从辣木籽中提取纯化出另一种新型的植物凝血素蛋白，该蛋白质具有较强的热稳定性及 pH 稳定性，100℃条件下可稳定存在 7h，可作为天然凝聚剂用于污水处理。Luz 等[65]对植物凝血素蛋白的具体结构及其凝血功能进行了表征，结果表明植物凝血素蛋白由 101 个氨基酸组成，等电点 11.67；同时，发现植物凝血素蛋白可有效地延长凝血时间。

　　将辣木中的功能性蛋白质添加到人们日常膳食中，可作为营养补充剂或功能性食品的添加剂，用于补充多种食物中缺乏的营养物质或改善食品品质。如米粉等谷物中缺乏赖氨酸，在米粉中添加 5%、10% 和 15% 的辣木籽粉，可提高米粉中蛋白质的含量和体外消化率，改善营养缺乏状况[66,67]。

(三) 辣木蛋白质的提取方法

对辣木蛋白质进行提取和分离是研究辣木中蛋白质结构和功能的基础。如何高效提取辣木中的蛋白质成为研究重点。

陈汝财等研究了超声波辅助条件下提取辣木叶中蛋白质的工艺，通过单因素和正交试验得出最优条件为：pH8.5，萃取温度48℃，萃取时间27min，料液比1∶130[68]。吕晓亚等研究了采用超声-微波协调萃取方法提取辣木叶中可溶性蛋白质的工艺，得出提取的最佳条件为：pH11，微波功率40W，萃取时间127s，料液比1∶160，此时蛋白质的得率为40.11mg/g[69]。熊瑶等对比研究了碱法提取、超声辅助碱法提取、微波提取、酶法提取等4种辣木叶中蛋白质提取的方法，结果显示酶法提取能得到最高提取率，其中以复合蛋白酶效果最好，提取率比其他方法提高近20%。此外，微波提取法用时最短，仅需3~4min，可有效节约时间和成本，值得进一步深入研究[70]。随着提取方法的更新，提取效率和纯度也会得到进一步提升。

二、氨基酸

氨基酸是构成蛋白质的基本组成单位，也是人体必需的重要营养元素。氨基酸在人体中具有重要的生理功能，特别是需要从膳食中获取的必需氨基酸。辣木中含有丰富的必需氨基酸，能够平衡膳食中的不足，尤其是日常主食中缺乏的赖氨酸和苏氨酸。赖氨酸是目前应用比较广泛的营养氨基酸，对婴幼儿、孕妇营养补充有很大的作用，赖氨酸可以改善蛋白质代谢，抑制病毒性感染，与维生素、矿物质合成可作为营养剂和食欲促进剂。辣木是目前能提供氨基酸含量较高、种类最全的天然植物之一。将辣木粉用于食品加工，能较为全面地满足营养的需求[71]。辣木不仅是发达国家素食者的理想食物，还是贫穷地区妇女和儿童的天然营养库[72]。

辣木中氨基酸种类较为齐全，且含量丰富。饶之坤等[73]对辣木中的氨基酸进行分析后发现，辣木中共含有17种氨基酸，氨基酸总量约为20.49%。其中以谷氨酸含量最高，占总氨基酸含量的14.52%。同时，其含有的人体必需氨基酸

中，尤以多数主食缺乏的赖氨酸和苏氨酸含量较高。辣木中氨基酸的种类和含量
与地区、品种、组织部位和生长期均有关系，不同地区、品种、组织、生长期间
氨基酸的含量和品种存在差异[74]。此外有研究发现，海拔和种植密度也会影响
辣木中氨基酸的种类和含量[20]。

（一）不同因素影响下辣木中氨基酸的差异

1. 地区差异

辣木氨基酸在不同地区的含量存在差异，初雅洁等的研究发现，云南 6 个地
区辣木样品中的氨基酸含量和组成存在极大差异，含量在 11.13%～20.54%，其
中必需氨基酸含量最高达到 9.27%。在 17 种氨基酸中，每种氨基酸含量不等，
除了脯氨酸和胱氨酸基本检测不到外，普洱的辣木谷氨酸含量最高，占氨基酸总
量的 21.46%，亮氨酸、精氨酸、天冬氨酸、赖氨酸的含量同样较高[74]。在云南
省不同地区种植的辣木中，水解型氨基酸的含量和组成差异较大，这可能与种植
品种、栽培技术以及环境条件等有密切关系。除了丝氨酸、苯丙氨酸和天冬氨酸
之外，中海拔地区大多数辣木的氨基酸含量比低海拔地区辣木高。印度辣木树叶
子中必需氨基酸的含量不受海拔的影响，而非洲辣木树叶子中氨基酸的含量会随
海拔降低而增加[20]。关于辣木中氨基酸的研究很多，不同研究中统计的氨基酸
的含量也各异，这可能是由于不同地区辣木的差异造成的[40]。因此，加强辣木
优质品种筛选以及规范栽培技术管理对提高辣木氨基酸含量有较强的现实
意义[16]。

2. 品种因素

不同品种的辣木中氨基酸的含量和种类也略有差异。以北方辣木叶为对照，
分析多油辣木不同部位的氨基酸含量与组成，结果表明：多油辣木叶与果中均含
有 17 种氨基酸，以谷氨酸与天冬氨酸含量居多。多油辣木叶中必需氨基酸与总
氨基酸总量较高，氨基酸比值系数分①为 69.71，属于优质蛋白质。在各种必需
氨基酸中，多油辣木叶的第一限制氨基酸均为蛋氨酸+胱氨酸，多油辣木茎与根

———————

① 氨基酸比值系数（RCAA）=［待测样品蛋白质中某种必须氨基酸含量（mg/g 蛋白质）］/
［FAO/WHO 评分标准模式中相应必需氨基酸含量（mg/g 蛋白质）］；氨基酸比值系数分（SRCAA）=
［待测样品蛋白质中某种必需氨基酸的 RCAA］/［各种氨基酸 RCAA 的平均值］。氨基酸比值系数分用来
评价蛋白质的营养价值，分数越小营养价值越低。

的为异亮氨酸，多油辣木果的为赖氨酸[19]。除了赖氨酸和精氨酸之外，非洲辣木和印度辣木两个辣木品种的必需氨基酸含量是相似的。

3. 组织因素

辣木不同组织中均含有 17 种氨基酸，其中，苏氨酸、赖氨酸、蛋氨酸、缬氨酸、色氨酸、组氨酸、异亮氨酸、亮氨酸和苯丙氨酸等 9 种氨基酸为人体所必需的氨基酸[75]。但是，辣木不同组织中氨基酸的含量存在差异，其总量大小顺序为辣木籽（33.53%）>辣木叶（23.29%）>花（11.67%）>辣木籽壳（8.02%）>未成熟果荚（7.45%）>辣木茎（5.97%），见表 2-1[15]。辣木中总氨基酸含量的范围为 74.5~172.7mg/g DW，必需氨基酸在叶中占 44%，花中占 31%，果荚中占 30%，辣木叶中必须氨基酸以亮氨酸含量最高，其是花中的两倍[40]。辣木籽和叶中氨基酸的种类齐全，且总氨基酸的含量也较其他组织高出 2~3 倍。辣木籽粉和叶粉中均富含亮氨酸、缬氨酸和总芳香族氨基酸，辣木叶粉中必需氨基酸的含量高于辣木籽粉中的含量，且辣木籽粉和叶粉中的必需氨基酸含量均高于 FAO/WHO 的推荐量。另外，辣木叶中组氨酸、异亮氨酸、亮氨酸、苏氨酸和缬氨酸含量能够满足 FAO/WHO 中婴儿的推荐量[22]。在辣木的花和果实中能检测到丙氨酸、精氨酸、谷氨酸、甘氨酸、丝氨酸、苏氨酸和缬氨酸[76]。在各种必需氨基酸中，辣木不同部位氨基酸比值系数最小的是甲硫氨酸、胱氨酸。甲硫氨酸、胱氨酸为辣木第一限制性氨基酸[15]。

表 2-1　　　　　　　　辣木不同组织中氨基酸的种类及含量[15,40]　　　　　　　单位:%

项目名称	叶	茎	籽	籽壳	未成熟果荚	花
天冬氨酸	2.16±2.54	0.32±0.98	1.96±0.78	0.39±1.56	0.74±0.03	0.12±0.09
苏氨酸*	1.66±.1.69	0.21±2.56	0.99±3.14	0.33±2.87	0.33±0.05	0.54±0.02
丝氨酸	1.06±0.89	0.23±0.75	1.26±1.23	0.36±0.74	0.75±0.18	0.75±0.04
谷氨酸	2.86±1.15	0.42±0.69	7.23±1.68	1.58±1.68	1.46±0.23	1.7±0.22
甘氨酸	1.09±2.37	0.23±2.68	1.76±1.85	0.28±0.88	0.43±0.05	0.65±0.03
丙氨酸*	1.56±0.81	1.13±1.62	1.53±2.54	0.48±1.49	0.42±0.07	0.81±0.05
胱氨酸*	0.26±0.68	0.13±1.89	0.39±2.45	0.15±0.387	—	—
缬氨酸*	1.83±1.62	0.86±4.56	1.65±2.89	0.68±3.52	0.43±0.10	0.64±0.06
甲硫氨酸*	0.25±3.54	0.12±4.36	0.35±5.21	0.06±2.82	0.09±0.02	0.10±0.02

续表

项目名称	叶	茎	籽	籽壳	未成熟果荚	花
异亮氨酸*	1.66±0.85	0.19±2.65	1.56±1.64	0.52±3.11	0.31±0.04	0.52±0.05
亮氨酸*	2.18±1.65	0.52±2.64	2.92±1.25	0.53±3.48	0.56±0.05	0.87±0.09
酪氨酸	0.96±2.48	0.18±3.45	1.25±0.79	0.30±2.41	0.04±0.01	0.04±0.01
苯丙氨酸*	1.48±0.47	0.26±3.42	1.96±2.54	0.36±2.44	0.23±0.04	0.38±0.05
赖氨酸*	1.83±1.69	0.66±2.53	1.92±1.65	0.66±3.47	0.25±0.06	0.46±0.05
组氨酸	0.76±0.65	0.13±1.72	0.99±2.33	0.16±2.85	0.20±0.03	0.31±0.04
精氨酸	1.26±0.61	0.23±2.65	3.86±0.98	1.06±2.54	0.81±0.25	2.01±0.12
脯氨酸	0.66±2.68	0.21±4.35	0.95±1.66	0.23±2.41	0.40±0.06	0.66±0.05
氨基酸总量	23.29±1.63	5.97±1.62	33.53±3.75	8.02±3.03	7.45±0.43	11.67±0.32

*代表人体必需氨基酸，表内数据为平均值±标准偏差（$n=3$）。

4. 不同生长期

不同生长期的辣木叶中氨基酸的含量和比例也存在差异。通过分析测定了辣木嫩叶、成熟叶、老叶中的氨基酸含量，通过必需氨基酸组成、氨基酸评分、必需氨基酸指数、氨基酸比值系数及氨基酸比值系数分等5个指标对构成辣木蛋白质的氨基酸进行评价。结果表明：辣木嫩叶和成熟叶的氨基酸总含量均极显著高于老叶、种子及花（$p<0.01$），辣木嫩叶和成熟叶的必需氨基酸含量均显著高于老叶、种子及花（$p<0.05$），且均高于花生。辣木成熟叶中必需氨基酸的数量充足、比例适宜，必需氨基酸组成比花生、大豆与鸡蛋中的必需氨基酸组成具有更高的拟合程度[77]。

（二）不同处理方式辣木氨基酸的差异

高营养价值的食物蛋白质不仅要求所含的必需氨基酸种类齐全，而且必需氨基酸之间的比例也要适宜，最好能与人体需要相符合，这样必需氨基酸吸收最完全、营养价值较高[78]，而辣木样品不同的处理和加工方式对其含有的氨基酸会产生不同的影响。发酵和发芽处理均能够增加辣木籽中氨基酸的含量，发酵比发芽使氨基酸含量增加得更多[31]。不同干燥方式对辣木叶中的氨基酸有显著的影响。郭刚军等比较了6种不同的干燥方式处理的辣木叶，对比分析处理后氨基酸的含量。根据不同干燥方式辣木叶中各氨基酸含量，计算得出必需氨基酸的质量分数，并与世界卫生组织/联合国粮农组织（WHO/FAO）模式谱进行了比较，结果显示：除蛋氨酸+胱氨酸等含量低于标准模式谱外，其他氨基酸的含量均高于标准模式谱。这说明不同干燥方式辣木叶与推荐的人体必需氨基酸相比，必需氨基酸含量丰富且营养比较均衡，有很高的营养价值。其中60℃热风干燥辣木叶总氨基酸含量最高，为30.56%，且对辣木叶中氨基酸的影响较小，干燥效果较好[79]。因此，根据研究目的和不同需要可选择合适的样品处理方法，以保证氨基酸最大程度地保留。

三、脂肪

辣木中脂肪含量最高的组织为辣木籽，辣木籽中粗脂肪含量为37.2%。辣木籽通常用于提取辣木籽油，辣木中脂肪主要以辣木籽油的形式存在。辣木籽中含有19%~47%的油，商业上称为本油（Ben oil），富含棕榈酸、硬脂酸、山萮酸和油酸[80]。辣木籽油呈鲜亮的黄色，耐储存，味道与坚果相同，是一种优质的植物性食用油[72]。Lalas等[81]测得辣木籽油的油酸含量高达71.60%，主要的饱和酸如棕榈酸和硬脂酸含量也高达6.4%。辣木籽油富含不饱和脂肪酸如亚油酸和亚麻酸等，与大豆油和葵花籽油等富含亚油酸的油按一定比例混合可改进营养成分，增强稳定性，可用于烹饪与深度油炸[82]。因此，对辣木籽油进行系统地研究对促进辣木资源的综合利用与开发有着重要的意义。

（一）辣木籽油的品质评价

油酸含量的高低是评判植物油品质好坏的一个重要指标，现在人们喜欢食用橄榄油或茶油，原因之一就是这些油里面的油酸含量高。在所有植物油中，橄榄油、茶籽油和辣木籽油中的油酸含量较高。由此可见，在食用油中，辣木籽油完全可以跟橄榄油和茶籽油相媲美。最新的研究表明，辣木籽油有抗紫外线活性，粗制油和溶剂提取油比精制油好[83,84]。

利用辣木籽油的脂肪组成及其含量、密度、氧化值、皂化值、酸价和脂肪酸等来评价辣木籽油的品质，Anwa等[82]测得野生辣木籽油的油酸含量高达73.22%~78.59%，其次为棕榈酸6.45%、硬脂酸5.50%、芥酸6.16%和花生酸

4.08%。辣木籽油的碘值为 68.63mg/100g，折射率 1.4571 （40℃时），密度 0.9032g/mL （24℃时），皂化值 181.4mg/g，皂化物 0.74%，酸价 0.81mg/g，氧化诱导期20L/h （120℃时）[197]，过氧化值和对氨基苯甲醚值试验表现出良好的氧化稳定性，这说明辣木籽油是一种稳定性很高的油脂。段琼芬等[85]的实验结果也得到了相似的结论。

Amina 等[86]采用不同强度的$^{60}CO-\gamma$射线对辣木籽油进行照射发现，与对照组相比，高达15kGy剂量水平的照射对油产率百分比和密度无任何显著影响。但辣木籽油的皂化值提高，表明含有长链脂肪酸的大量原始分子由于氧化和切割结合而降解成较小的分子。同时，酸价提高，这是三酰基甘油分子轻微和随机水解成游离脂肪酸 （Nonestesterified fatty acid，NFFA） 和二酰基甘油造成的[86]。

辣木籽油氧化诱导期较长 （34h），分别是橄榄油和玉米胚芽油的4倍和10倍以上，说明辣木籽油氧化稳定性高，不易氧化变质[87]。辣木籽平均含油量为40%，未精炼的辣木籽油在120℃时的诱导期是橄榄油的9倍，精炼的辣木籽油的诱导期是橄榄油2.5倍[72]。段琼芬[83]等采用冷榨法、精制法和溶剂浸提法探究辣木籽油抗紫外线的性能。结果表明，辣木籽油能吸收紫外线，紫外测定最大吸收波长为212nm，因此，辣木籽油具有抗紫外线的能力。其中，未精制和石油醚溶剂提取的辣木籽油的抗紫外线能力比精制油好。

（二）辣木籽油的提取方法

关于辣木籽油的提取也有不少研究，不同方法得油率存在差异。超声波辅助提取法、微波辅助提取法、快速溶剂浸提法、水酶法均可用来提取辣木籽油，并且得油率相差不大，依次为35.85%、35.56%、34.99%和28.00%。余建兴等[34]研究了超声波辅助提取法提取辣木籽油的最佳工艺参数，平均得油率为35.85%；并认为超声波辅助提取法在提取时间、溶剂用量等方面明显优于索氏提取法，该方法对环境的污染小，并且能提取辣木籽中96%的油脂。因此，超声波辅助提取法是十分理想的辣木籽油提取方法[88]。

马李一等[89]建立了水酶法提取辣木籽油的最佳提取工艺，产油率≥28.6%，具体条件为：蛋白酶与辣木籽质量比为3∶100，液料比9∶1 （mL∶g），温度50℃，孵育时间18h，pH5.0。段琼芬等[85]研究表明，超临界CO_2流体萃取辣木籽油的最佳工艺条件为：萃取时间 180min，萃取压力 20MPa，CO_2 流量 20kg/h，萃取温度 35℃，分离温度 40℃，在此条件下出油率为 36.3%，提取率为 97%。此方法所得油品味道纯正，无刺激性溶剂残留，清澈呈淡黄色，使用前无须精制，适合食品、医药、润滑剂和化妆品用油等的提取和开发利用。溶剂萃取是辣木籽油提取的有效方法，需要在不同温度下，对各种溶剂比值进行评估和比较，从而成功开发油菜籽油提取油溶剂萃取工艺，使得提取的油在室温下是液体且稳定。研究发现，在 100℃下使用氯仿和甲醇（溶剂比为 3∶1）条件下油提取率最高，为 41%[90]。

（三）辣木籽油的功能

科研人员通过研究辣木籽油的成分及物理化学特性，分析其在人类健康方面的应用，发现辣木籽油可以很好地代替食品用油如橄榄油和非食品用油，如生物柴油、化妆品和精细机械的润滑剂[33]。辣木籽油作为营养食品、辅助治疗药物、化妆品、润滑剂等的功能性原料已被人们广泛利用，有较长的历史[91]。由于辣木籽油有吸收紫外线特性，需避光储藏，防止其生化成分的改变，也可利用这个特性开发相关产品如防晒霜等。辣木籽油中含较高的不饱和脂肪酸，可降低心脑血管疾病，还含有植物甾醇物质如 β-谷甾醇、豆甾醇、菜油甾醇等，含量不亚于橄榄油。植物甾醇有降低 TC 及低密度脂蛋白胆固醇（LDL-C）的功能，且无副作用，对人体健康十分重要[92]。辣木籽油强大的功能特性主要是由其中的脂肪酸决定的，因此研究辣木籽油中脂肪酸的种类、含量及其特性对于辣木籽油的功能开发具有非常重要的意义。

四、脂肪酸

辣木中含有多种脂肪酸，主要存在于辣木籽中。辣木中含有的不饱和脂肪酸主要有油酸、亚油酸、亚麻酸等。不饱和脂肪酸有较强的抗氧化作用，还可以降低血液中的 CHOL。辣木中也含有一些饱和脂肪酸，如辛酸、癸酸、月桂酸、花生酸、棕榈酸、硬脂酸等，其中棕榈酸、硬脂酸的含量较高。辣木中的脂肪酸主要存在于辣木叶、花、籽和嫩果荚中。Tsaknis 等[95]分析发现，辣木籽油的不饱和脂肪酸含量比橄榄油、玉米胚芽和茶籽油低。陈德华等[87]对比辣木籽油与常用的植物油中脂肪酸含量发现：辣木籽油中的油酸含量仅次于橄榄油，不饱和脂肪酸含量仅次于橄榄油和茶籽油，详见表 2-2[87]。刘红等[96]利用无水乙醇和乙酸乙酯萃取辣木籽仁共鉴定出 41 种化学组分，提取物中最主要的化学成分有油酸、异油酸、反油酸、甘油单油酸酯和棕榈酸；无水乙醇提取法提取油酸达22.59%，油酸可降低血液 TC 和有害 CHOL，是膳食单不饱和脂肪酸的优良食物来源。

表 2-2　　　　　　　辣木籽油与常用植物油主要脂肪酸组成的比较[87]

食用油脂	饱和脂肪酸/%	不饱和脂肪酸/%			氧化诱导期/h
		油酸 （C18∶1）	亚油酸 （C18∶2）	亚麻酸 （C18∶3）	
辣木籽油	13	82.22	0.76	0.14	34.1
橄榄油	10	83	7	—	7.9
茶籽油	10	79	10	1	30.4
花生油	19	41	38	0.4	3.9
葵花籽油	14	19	63	5	9.3
豆油	16	22	52	7	2.7
玉米胚芽油	15	27	56	0.6	3.3
棕榈油	42	44	12	—	11.7

不同因素影响下辣木中脂肪酸的差异

1. 组织因素

辣木不同组织中脂肪酸的含量存在差异。目前，加纳、墨西哥、尼日利亚和其他国家种植的辣木的叶、籽、花和果荚的脂肪酸谱已被表征[97,98]。从辣木的叶子、未成熟的荚果和花三种组织中共鉴定出 15 种脂肪酸。叶子中亚麻酸的含量最高，其次是棕榈酸，这两种脂肪酸占了总量的 80%。Freiberger[99]的研究中也有类似结果。花和未成熟荚果的检测结果显示有相似量的棕榈酸、亚油酸、亚麻酸和油酸，共占总脂肪酸的 90%。在花和未成熟果荚中，饱和脂肪酸和不饱和脂肪酸的比例为 1∶2，多不饱和脂肪酸与单不饱和脂肪酸的比例约为 2∶1。在辣木叶中，多不饱和脂肪酸的含量约为单不饱和脂肪酸的 3 倍，见表 2-3[40]。

表2-3　　　　　辣木（PKM-1）不同组织中脂肪酸的种类及含量[40]

序号	脂肪酸	叶	花	嫩果荚
1	辛酸（C8:0）	0.12	0.21	0.57
2	癸酸（C10:0）	0.02	0.07	0.01
3	月桂酸（C12:0）	0.17	0.20	0.12
4	十三酸（C13:0）	0.17	0.05	0.33
5	十四酸（C14:0）	1.93	1.45	0.93
6	棕榈酸（C16:0）	24.33	24.25	18.39
7	9-十六碳烯酸（C16:1）	1.49	0.27	2.52
8	硬脂酸（C18:0）	6.23	5.87	4.32
9	油酸（C18:1）	9.81	24.09	3.30
10	亚油酸（C18:2）	16.91	15.48	11.01
11	花生酸（C20:0）	0.47	0.43	1.06
12	亚麻酸（C18:3）	30.42	18.82	54.27
13	辣木籽油酸（C22:0）	0.54	0.76	0.65
14	芥酸（C22:1）	5.68	6.58	0.95
15	二十四酸（C24:0）	1.72	1.47	1.57
16	总饱和脂肪酸	35.69	34.76	27.95
17	总不饱和脂肪酸	64.31	65.24	72.05
18	总单不饱和脂肪酸	16.98	30.94	6.77
19	总多不饱和脂肪酸	47.33	34.29	65.28

2. 品种因素

辣木籽中脂肪酸的含量及其性能差异主要取决于辣木品种和生长的环境条件[100]。Bianchini 等[101]评估了 *M. Hildebrantli*、*B. preneei*、*S. Spinosa* 三种植物种子油中脂肪酸的组成，发现油酸的含量在 14 种脂肪酸中最高，占 31%~80%。PKM-1、PKM-2、CO-1 和 DHANRAJ 等品种的辣木叶片均富含不饱和脂肪酸，见表2-4，这表明了辣木对人类健康的益处[102]。Ayerza[103]研究了印度辣木和非洲辣木的种子数量、油产量及种子质量，发现两个品种的辣木籽油具有几乎相同的脂肪酸组成，根据不同的年份，范围在 31.8%~40.8%。此外发现，印度辣木的基因型在亚热带环境中更具有经济价值。早先对于印度品种 PKM-1 辣木籽油的脂肪酸含量已经进行了研究[104]，但是关于其叶、花和果荚及其他印度辣木品种中的脂肪酸含量的数据尚有欠缺。因此，Saini 等[102]首次对不同品种的印度辣木中的脂肪酸分布进行研究，通过气相色谱分析-火焰离子化检测器（GC-FID）和气相色谱法-质谱法联用（GC-MS）测定了印度商业栽培的 8 个品种辣木的叶、花和嫩荚中 15 种脂肪酸的含量。发现在辣木叶中，α-亚麻酸含量最高（49%~59%），其次是棕榈酸（16%~18%）、亚油酸酸（6%~13%）。辣木叶也被记录含有少量饱和脂肪酸（24%~27%）和大量的单不饱和脂肪酸和多不饱和脂肪酸（73%~76%）。

段琼芬等[85]的研究发现，我国云南元江和缅甸产的两种辣木籽油中，不饱和脂肪酸的含量都较高，均在60%以上。其中含棕榈酸6%~12%，硬脂酸5%~7%，油酸62%~74%，亚油酸1.2%~1.7%，α-亚麻酸0.4%~2.7%。

表2-4　　　　　　　　不同品种辣木中脂肪酸的组成及含量[102]

序号	脂肪酸	辣木品种							
		BHAGYA	DHANRAL	PAVM-1	AMAR-32	CO-1	GKVK-1	PKM-1	PKM-2
1	辛酸（C8:0）	0.09	0.05	0.02	0.32	0.40	0.24	0.57	0.33
2	癸酸（C10:0）	0.01	0.04	0.01	0.03	0.04	0.02	0.01	0.02
3	月桂酸（C12:0）	0.39	0.20	0.07	0.15	0.33	0.14	0.12	0.11
4	十三酸（C13:0）	0.38	0.34	0.36	0.39	0.51	0.39	0.33	0.32
5	十四酸（C14:0）	0.92	1.62	0.80	1.34	0.69	0.69	0.93	0.62
6	棕榈酸（C16:0）	17.47	17.27	17.22	18.19	17.99	17.99	18.39	16.93
7	9-十六碳烯酸（C16:1）	2.70	2.60	3.17	2.87	3.13	2.63	2.52	2.55
8	硬脂酸（C18:0）	3.73	3.04	4.37	2.06	3.87	3.99	4.32	5.24
9	油酸（C18:1）	3.37	3.30	3.74	2.96	3.14	3.52	3.30	4.87
10	亚油酸（C18:2）	10.49	6.46	11.37	6.47	11.38	11.34	11.01	13.63
11	花生酸（C20:0）	0.48	0.35	0.16	0.29	0.17	0.64	1.06	2.11
12	亚麻酸（C18:3）	55.22	57.67	55.63	59.52	56.05	55.02	54.27	49.58
13	辣木籽油酸（C22:0）	0.76	0.56	0.67	0.47	0.53	0.64	0.65	0.41
14	芥酸（C22:1）	2.45	5.39	1.04	2.97	0.67	1.39	0.95	2.11
15	二十四酸（C24:0）	1.53	1.12	1.37	1.08	1.10	1.36	1.57	1.18
16	总饱和脂肪酸	25.77	24.59	25.05	25.22	25.63	26.10	27,95	27.27

续表

序号	脂肪酸	辣木品种							
		BHAGYA	DHANRAL	PAVM-1	AMAR-32	CO-1	GKVK-1	PKM-1	PKM-2
17	总不饱和脂肪酸	74.23	75.41	74.96	74.78	74.37	73.90	72.05	72.73
18	总单不饱和脂肪酸	8.52	11.28	7.95	8.80	6.94	7.54	6.77	9.53
19	总多不饱和脂肪酸	65.72	64.13	67.01	65.98	67.43	66.36	65.28	63.21

五、多糖

辣木作为一种功能性植物，有着广阔的开发前景。辣木多糖为辣木中重要的有效成分之一。多糖指多个单糖基以糖苷键相连而形成的多聚物。多糖作为一种重要生命物质，具有丰富的生物活性，可以起到增强免疫力功能，且无毒副作用，这有利于我们进一步开发新药，并不断扩展其在保健品、功能性食品中的应用[106]。但是，国内多糖的研究一般仅限于分离纯化、化学组成、生物活性和免疫药理研究，对糖结构的分析和多糖构效关系研究没有很大突破[107]。

陈瑞娇等[108]以蒽酮-硫酸比色法测定广东韶关新丰的辣木中多糖含量为4.85%。张涛等以苯酚-硫酸分光光度法测定辣木中多糖含量为15.36%。测定结果的差异可能与辣木产地、品种、组织部位、生长时期和提取检测方式等因素有关，因此，在比较辣木多糖含量和特性时应该注意这些因素造成的差异[109]。

(一) 不同因素影响下辣木多糖含量的差异

1. 地区因素

不同地区辣木中多糖的含量存在一些差异，孙鸣燕等[110]采用苯酚-硫酸法探讨了辣木产地等与辣木叶多糖含量的关系，韶关新丰县种植的辣木各组织的多糖含量均为最高，分别为叶27.14%、叶柄16.19%、茎12.28%；韶关生态园种植的辣木多糖含量最低，分别为叶21.29%、叶柄8.82%、茎8.61%。初雅洁等[16]研究云南不同产地的辣木中可溶性多糖时发现云南不同地区辣木中多糖的含量也不同，其中，普洱市的辣木样品可溶性多糖含量较高，可达13.17%；大理市的辣木样品可溶性多糖含量最低，为 3.66%。

2. 品种因素

不同品种辣木中多糖的含量差异不显著，张婧等[57]比较了红杆、绿杆小叶、绿杆大叶三个品种的辣木中多糖的含量，发现同采收期不同品种辣木中同组织的多糖含量差异不显著。

3. 组织因素

辣木不同组织中多糖含量的差异均达到了极显著水平，辣木叶柄和茎中的多糖含量最少，只有 8.16%；花、果实和叶片中的多糖含量较高，且叶中的多糖含量随叶龄增长呈递增趋势[118]；根中的多糖含量最高，可达 33.61%，约为叶柄的 4 倍，显著高于其他组织。张婧[57]的研究结果显示，两个品种的辣木其叶中的多糖含量高于茎中的含量，约为茎中的两倍。因此，以从辣木中提取多糖为目的开发，应选择辣木叶作为重点开发的组织。

4. 不同生长期

辣木多糖和可溶性糖含量随采收期而变化，不同采收期的辣木多糖含量不同，辣木不同组织中多糖和可溶性糖的含量均在 11 月份采收时为最高[110]。从 7 月底至 12 月中旬每隔半个月采收 1 次，共采收 10 次，发现辣木叶片、叶柄和茎的可溶性糖含量均以 11 月份采收为最高，以 9 月中旬采收为最低；辣木叶片和茎的多糖含量也以 11 月份采收为最高，9 月中旬以前采收较低。因此，广东韶关地区的辣木以 11 月份采收为最好[14]。不同叶龄、不同采收期、不同管理水平、不同组织的多糖种类也可能有差异。关于辣木多糖的种类、分子质量、功效以及它们与环境、栽培条件的关系等问题都有待进一步研究。凡是生长速度快的时期，辣木的多糖含量都比较低；生长趋缓或肥力水平较低时，辣木多糖含量较高。因此，以获得多糖为目的的辣木栽培应综合考虑以上因素。

（二）辣木多糖的提取方法

提取是研究和利用多糖的第一重要环节和基础，不同的提取工艺对多糖的产率和性质有决定性的影响，因此选择合适的提取方法对后续的多糖结构分析和活性评价至关重要[111]。影响辣木多糖含量的因素及其重要性大小依次为：提取次数>提取时间>溶剂用量>提取温度。目前，植物多糖的提取方法包括传统的热水浸提法[112]、酸提取法[113]、碱提取法[114]和酶提取法[115]，现代新兴技术包括超声提取法[116,117]、微波提取法[118]、超高压法[119]、脉冲电场[120]及传统与现代相结合的多技术联合使用方法[121-123]。微波辅助法提取辣木叶中的多糖得率为2.96%，其工艺条件为：时间70min，微波功率700W，温度70℃，液/固比率为35（mL/g）。与传统的萃取方法相比，微波辅助提取提高了萃取效率，同时在减少使用能源方面也更加环保[124]。陈瑞娇等[125]对辣木叶中多糖的提取工艺进行了优化，使辣木叶在最佳提取条件下粗多糖的得率达到15.8%。梁鹏等[126]以辣木茎叶干粉为原料，以水为提取溶剂对辣木茎叶中的植物多糖进行了提取，并且对其提取物进行了体外功能实验，证明了辣木多糖的抗氧化活性。多糖的生物活性受提取方法的影响，因此，优化辣木中多糖的提取效率对于多糖的应用及功能性食品的开发非常重要[124]。

（三）辣木中纤维素的含量

辣木中的多糖还包括纤维素。未成熟的辣木果荚中膳食纤维含量为46.78%，为辣木所有组织中最高，约是叶和花的两倍[40]。研究发现，未成熟果荚中膳食纤维的含量与海藻中报道的相似[127]。

辣木籽是膳食纤维的潜在来源，含有6.5%（质量分数）可溶性膳食纤维。辣木籽中可溶性纤维的生化表征显示，它是一种含5%中性糖的糖蛋白。阿拉伯糖和木糖是通过气液色谱鉴定的主要中性糖。辣木籽中的可溶性纤维被鉴定为蛋白酶抗性糖蛋白，称为辣木籽抗性蛋白。从脱脂辣木籽粉中分离的抗性蛋白是有效的促分裂原，可增强淋巴细胞的增殖并诱导巨噬细胞一氧化氮（Nitric oxide，NO）合成。因此，辣木籽被认为是增强宿主免疫系统的潜在营养来源[128]。

六、维生素

辣木果实、花、种子中均含有丰富的维生素[75,129,130]。辣木干叶粉维生素种类及含量丰富，特别是维生素A、维生素B_6。此外，维生素C、维生素E、叶酸、泛酸和生物素含量较高[72,107]，辣木干叶粉含维生素C（173mg/100g）、维生素A（163mg/100g）、维生素E（113mg/100g）等，见表2-5[107]。Asghari等[131]对伊朗东南部野生辣木（*Moringa peregrina*）干叶及种子中的维生素含量进行了研究，结果表明，该品种辣木干叶及种子中的维生素C含量分别为（83±0.5）

mg/100g 和 （14±0.6） mg/100g，维生素 A 含量分别为 （6.8±0.7） mg/100g 和
（24.8±0.7） mg/100g。辣木花及果实中维生素含量的研究未见报道[132]。

表 2-5　　　　　　　　　100g 辣木中各组织维生素含量[107]　　　　　　单位：mg

维生素	嫩果荚	鲜叶片	干叶粉
维生素 A	0.10	6.80	163.00
B 族维生素	423.00	412.00	—
维生素 B_1	0.05	0.21	2.00
维生素 B_2	0.07	0.05	20.50
维生素 B_3	0.20	0.80	8.20
维生素 C	120.00	220.00	173.00
维生素 E	—	—	113.00

在多油辣木的不同组织中，叶中维生素 E、维生素 C、维生素 B_6、β-胡萝卜
素含量最高，分别为 4.15mg α-TE/100g（α-生育酚当量）、188.20mg/100g、
1.53mg/100g、0.10g/kg。与北方辣木叶相比，多油辣木叶中的水分、脂肪、蛋
白质、烟酸、维生素 B_6 含量较高[19]。

不同的干燥方式对辣木中维生素的影响不同，各维生素最适合的干燥方式也
不相同，各种不同干燥方式对辣木叶中维生素 E、β-胡萝卜素、维生素 B_2、维生
素 C、维生素 B_6、烟酸与泛酸的含量影响较大，这是由于维生素是热敏性物质造
成的。因此，在对辣木叶进行干燥处理时应采取正确的方法，以保证所需维生素
得到最大程度地被保留。但总体来说，60℃热风干燥对辣木叶中维生素的影响较
小，干燥效果较好，见表 2-6[79]。

表 2-6　　　　　　　不同干燥方式下辣木叶中维生素的含量[79]

维生素	含量/（mg/100g）					
	阴干辣木叶（SDM）	晒干辣木叶（SCM）	40℃热风烘干辣木叶（FAM）	60℃热风烘干辣木叶（SAM）	微波干燥辣木叶（MDM）	远红外干燥辣木叶（IDM）
维生素 E	40.00±1.14	54.60±0.26	60.30±0.89	113.00±2.25	77.50±0.63	77.00±0.93
β-胡萝卜素	21.03±0.36	29.86±0.88	40.16±1.32	60.36±0.74	49.98±1.68	50.08±0.42
维生素 B_2	1.44±0.15	1.57±0.06	1.58±0.12	1.90±0.05	0.95±0.20	1.73±0.02

续表

维生素	含量/（mg/100g）					
	阴干辣木叶（SDM）	晒干辣木叶（SCM）	40℃热风烘干辣木叶（FAM）	60℃热风烘干辣木叶（SAM）	微波干燥辣木叶（MDM）	远红外干燥辣木叶（IDM）
维生素 C	48.70±1.35	45.80±1.66	29.00±0.85	36.80±0.42	59.50±0.60	66.40±0.98
维生素 B_6	3.17±0.26	3.47±0.03	4.53±0.08	8.18±0.26	6.70±0.33	3.75±0.10
烟酸	3.34±0.08	2.98±0.05	4.43±0.08	1.92±0.32	2.33±0.15	2.68±0.22
泛酸	47.10±0.85	69.70±1.88	67.00±2.04	89.10±1.04	88.00±0.12	88.30±1.66
维生素 B_1	<0.05	<0.05	<0.05	<0.05	<0.05	<0.05
叶酸	<2.00	<2.00	<2.00	<2.00	<2.00	<2.00

七、矿物质

辣木各组织均富含矿物质，还含有多种微量元素，矿物质的含量随产地和采集季节变化[132]。辣木中含有多种无机元素，其中钙、钾、磷、硫、镁含量均较高。辣木树所含的钙是牛乳的 4 倍，钾是香蕉的 3 倍，铁是菠菜的 3 倍。100g 辣木叶粉里钙、铁、钾含量分别为乳粉和黄豆粉的 3.49 倍、11.28 倍、3.92 倍和11.39 倍、1.67 倍、0.93 倍[72]。

（一）不同因素影响下矿物质的差异

不同地区的辣木中矿物质的含量也存在差异。初雅洁等[17]的研究发现，云南 6 个地州市的辣木样品均以钙含量最高，这说明辣木富含钙元素。种植在不同地区的辣木，其叶片中的钙含量差异极大。辣木叶还含有大量的钾、镁、磷、钠、铁、锰和锌。Asghari 等[131]研究表明，在波斯辣木叶及种子中，钙的含量分别为 764.8mg/100g、1164.8mg/100g，钾的含量分别为 900.2mg/100g、572mg/100g。广西百色辣木粉和广东韶关的辣木粉均以钙、钾含量最高，镁、钠、铁、锌、磷含量略有差异。辣木叶中还含有少量的硒元素，尤其是丽江辣木叶含有较高的硒（1.80mg/kg），是德宏的 24.3 倍，含量差异极大。云南省 6 个地州辣木叶中各种有害元素均未超过国家标准，并且远小于国家标准中的限量[16]。各元素的含量差异跟地理环境有密切关系，选择适宜的地区种植是培育高品质辣木的关键[71]。

辣木不同组织中矿物质的含量存在差异。辣木各组织中均含有钾、钙、磷、镁和钠等常量元素。其中，辣木叶钾和钙含量分别为2225mg/kg和2039mg/kg，辣木籽磷和镁含量分别为1262mg/kg和495mg/kg，辣木茎钠含量为412mg/kg。辣木不同组织中含有铁、锰、锌、铬和硒等微量元素，其中，辣木籽壳铁含量为706mg/kg，辣木叶锰含量为78.3mg/kg，辣木籽锌和硒含量分别为69.5mg/kg和0.395mg/kg，具体参考表2-7。郭刚军[19]等的研究发现，辣木叶中镁、钙与磷含量最高，茎中铜、锌与锰含量最高，果中钾与钠含量最高，根中铁含量最高。辣木不同组织样品中均检测出微量的砷、铅、汞和镉等重金属元素，有部分重金属元素含量超出限量值范围。所以，在选择辣木种植区域时，应当注意当地生态环境、土壤质量等，以便控制辣木的重金属含量，保证辣木的安全性[15]。

表2-7　　　　　　　　　　辣木不同组织中矿物质的含量[15]　　　　　　　单位：mg/kg

元素	叶	茎	籽	籽壳	平均值	变异系数（CV）%
K	2225±1.65	1087±2.36	1026±3.52	1054±2.89	1348.0	43.41
Ca	2039±2.69	789±1.68	106±3.45	365±1.78	824.0	103.92
P	885±2.62	406±1.22	1262±2.98	165±2.33	679.5	72.15
Mg	289±1.26	158±3.78	495±1.68	147±2.71	272.3	59.47
Na	141±1.68	412±2.71	143±0.92	152±2.61	211.9	63.00
Fe	365±1.36	106±1.92	30.8±2.65	706±0.46	301.95	101.02
Mn	78.3±0.54	26.9±3.45	29.6±0.85	10.6±2.68	36.35	80.33
Zn	29.6±2.43	13.6±0.66	69.5±2.36	42.6±2.74	38.83	60.93
Cr	2.68±2.45	12.6±1.79	8.25±2.63	52.7±2.31	19.06	119.60
Se	0.135±2.61	0.259±0.26	0.395±1.52	0.265±3.21	0.26	40.30

不同品种辣木中矿物质的含量不同。与北方辣木叶相比，多油辣木叶中的锰、铁、锌、钠、锰与磷含量较高。Nouman等[54]学者比较了7个品种辣木叶中的钙、磷、钾、镁等含量，发现不同品种之间存在或大或小的差异，但7个品种均是钙元素含量最高。刘忠妹等[133]的研究发现，不同品种辣木中铁和锌含量为：多油辣木原种和PKM1辣木>狭瓣辣木；锰含量为：狭瓣辣木>多油辣木原种和

PKM1 辣木。

不同采收时期的辣木中矿物质的含量存在差异。对西双版纳不同树龄的多油辣木原种、狭瓣辣木和 PKM1 辣木，在不同采收时期采收组织中的氮、磷、钾、钙和镁元素含量进行分析比较。结果表明：3 种辣木氮、磷、钾、钙和镁元素的含量总体呈现出氮>钾>钙>磷和镁的趋势；叶中氮、磷、钙和镁含量高于茎，钾含量低于茎；氮和磷含量夏季低于冬季，镁含量夏季高于冬季；多油辣木原种和 PKM1 辣木中钾和钙含量夏季高于冬季，狭瓣辣木钙含量夏季低于冬季；嫩梢中氮和镁含量低于老梢（除狭瓣辣木原种外），但磷、钾和钙含量高于老梢（除多油辣木原种外）；1 年生树龄嫩梢氮、磷、钾和镁含量为狭瓣辣木>多油辣木原种和 PKM1 辣木，12 年生树龄氮含量为狭瓣辣木<多油辣木原种和 PKM1 辣木；氮、磷和钙含量为 1 年生树龄>12 年生树龄，钾和镁含量为 1 年生树龄<12 年生树龄[134]。研究海拔和季节对 M. stenopetala 和 M. oleifera 两种辣木叶和嫩豆荚营养成分的影响，发现辣木中矿物质的含量受品种、海拔和季节三者的影响而存在差异，有些差异非常显著[20]。

刘忠妹等[133]对不同采收时期不同采收组织中的铁、锰、铜、锌等 4 种微量元素含量进行分析比较。结果表明，对于不同品种、树龄和采收季节，辣木的嫩梢和老梢中微量元素的含量有较大差异。不同品种辣木中微量元素含量总体呈现：铁>锰>锌>铜的趋势；叶中铁含量低于茎，锰和锌含量高于茎；辣木嫩梢铁、锰和铜含量低于老梢，锌含量高于老梢。随辣木树龄的增加铁含量呈增加趋势，锰和锌含量呈下降趋势。铁和锌含量夏季低于冬季，锰含量夏季高于冬季。铜含量随品种、树龄和季节变化差异较小[133]。

（二）辣木矿物质的提取及检测方法

丁音琴等利用微波消解-电感耦合等离子体发射光谱（ICP-OES）法测定福建省种植的辣木叶中 32 种矿物质元素的含量，结果表明：福建种植的辣木叶富含对人体有益的矿物质元素，见表 2-8[135]。王素燕等[136]采用湿法、泡制法、水煮法处理样品，建立了以 ICP-OES 法测定辣木叶中的钙、钾、镁、铁、锌、铜等 6 种微量元素的方法。陈瑞娇等[108]探讨了蒽酮-硫酸比色法测定辣木叶中多糖的方法，并发现辣木叶片、叶柄和茎的可溶性糖含量均以 11 月份采收为最高，以 9 月中旬采收为最低。

表 2-8   辣木叶粉（100g）中的矿物质含量[135]

元素	含量/mg	相对标准偏差/%	元素	含量/mg	相对标准偏差/%	元素	含量/mg	相对标准偏差/%
K	1550.555	1.35	Zn	4.755	2.60	Ce	0.181	2.07
P	565.125	0.68	Cu	0.759	1.17	Co	0.022	2.24
Mg	324.31	2.48	Mo	0.104	2.53	Se	0.066	2.61
Ca	1692.072	1.28	Ni	0.051	2.07	V	0.159	0.19
Ba	0.627	0.22	Ti	0.085	0.77	Cr	0.100	0.99
Sr	3.511	1.11	Ag	0.925	1.43	As	0.015	4.93
Al	13.373	0.48	Bi	0.015	4.54	Sn	9.353	1.08
I	14.798	1.42	Ru	0.076	3.12	Cd	0.005	2.53
Fe	16.482	1.36	Sm	0.002	2.56	Hg	0.000	1.21
Mn	6.246	1.27	Au	0.037	3.46	Tl	0.039	4.22
B	2.203	0.99	La	0.156	0.31			

辣木中丰富的营养物质不仅给人类提供了新的营养来源，同时也可将其应用于饲料、化妆品、水质净化物等中，有较高的营养价值和经济价值。辣木中除含有上述营养成分，还含有一些具有功能性质的化合物，可应用到功能性食品和中药中，具体功能成分将在下一节进行详细的介绍。

第三节　辣木功能活性物质

辣木中含有多种功能活性物质，越来越多的研究人员对这些功能活性物质进行深入研究，本节主要介绍辣木中研究最多的几种功能活性物质在辣木中的含量、分布、功效及提取方法。

一、多酚类物质

酚类物质是植物的主要次生代谢产物之一，多酚类物质是指其分子结构中有若干个酚羟基的植物成分的总称，都有一定的抗氧化能力。多酚分为两大类：一类是多酚的单体，包括各种黄酮类化合物、绿原酸、没食子酸、鞣花酸，也包括一些连有糖苷基的复合类多酚化合物，如芸香苷等；另一类则是由单体聚合而成的低聚或多聚体，统称为单宁类物质，包括缩合型单宁中的花色素及其苷元和遇水分解型单宁中的没食子单宁和鞣花单宁等。植物酚类化合物在植物界已有8000种以上，主要由类黄酮、酚酸和单宁等三类物质构成，各类又由许多亚类物质构成。植物酚类化合物广泛分布于蔬菜、水果、香辛料、谷物、豆类和果仁等各种高等植物组织中，对植物的品质、色泽、风味等有一定的影响，同时还具有抗氧化、抗癌、抗逆等重要的作用，因而成为国内外研究热点。通过食物摄入一定量的植物多酚能够有效地预防和抑制疾病的发生[137]。辣木中的多酚类物质包括黄酮类、绿原酸类、酚苷类和其他等[132]。

沈慧等[138]采用热浸提法，在单因素实验的基础上，通过响应面实验分析，优化了辣木叶多酚的提取工艺，多酚的得率为3.39%。通过比色法测定总酚、总单宁和总黄酮含量，结果表明，种子提取物含有的总酚含量为（10.179±2.894）mg GAE/g DW（没食子酸当量），高于类黄酮［（2.900±0.0002）mg QE/g DW（槲皮素当量）］和单宁酸［（0.890±0.020）mg GAE/g DW］。种子的总酚含量是确定种子的自由基清除和降低活性氧簇（ROS）能力的关键[139]。

（一）黄酮类化合物

黄酮类化合物（Flavonoid）又称黄酮体、黄碱素，广泛分布于植物界，是植物的重要次生代谢产物。根据中间吡喃环的不同氧化水平和两侧A、B环上的各种取代基，可将其分为许多不同的黄酮类型，主要包括黄酮类、黄酮醇类、异黄酮类、黄烷酮类、查耳酮类、异黄烷酮、双黄酮类等。天然植物中多数黄酮类化合物以苷的形式存在，少数以游离形式存在[110]。辣木中的黄酮类化合物主要为槲皮素和山奈酚类衍生物。Villasenor等[140]报道了辣木叶中2个黄酮类化合物（图2-2中0和1）。Manguro等[141]从辣木叶中分离到5个新山奈酚衍生物（图2-2中2~6）。Jangwan等[142]报道了辣木茎中新的黄酮三糖苷（图2-2中7）。Sahakitpichan等[143]从辣木叶中分离到5个黄酮类化合物（图2-2中8~12）。用液质联用技术对纯化后的辣木叶黄酮的结构进行分析，鉴定出11个黄酮类化合物，分别为：蔷薇苷、芦丁、牡荆素、槲皮素-3-*O*-葡萄糖苷、槲皮素-3-*O*-(6-丙二酰基葡萄糖苷)、槲皮素-3-*O*-羟甲基戊二酰基半乳糖苷、异鼠李素-3-

O-芸香糖苷、槲皮素-3-*O*-乙酰基葡萄糖苷、山柰酚-3-*O*-羟甲基戊二酰基己糖苷、山柰酚-3-*O*-丙二酰基己糖苷、山柰酚-3-*O*-葡萄糖苷[144]。

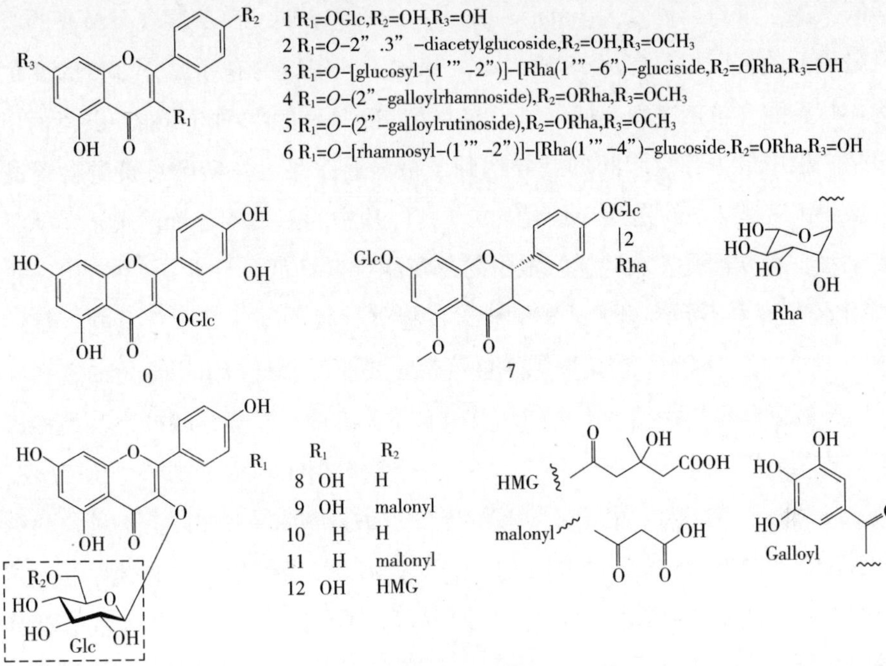
1 R1=OGlc,R2=OH,R3=OH
2 R1=O-2" .3" -diacetylglucoside,R2=OH,R3=OCH3
3 R1=O-[glucosyl-(1''' -2")]-[Rha(1''' -6")-gluciside,R2=ORha,R3=OH
4 R1=O-(2"-galloylrhamnoside),R2=ORha,R3=OCH3
5 R1=O-(2"-galloylrutinoside),R2=ORha,R3=OCH3
6 R1=O-[rhamnosyl-(1''' -2")]-[Rha(1''' -4")-glucoside,R2=ORha,R3=OH
0
7
Rha
R1 R2
8 OH H
9 OH malonyl
10 H H
11 H malonyl
12 OH HMG
HMG
malonyl
Galloyl
Glc

图 2-2　辣木中黄酮类化合物[132]

辣木作为一种功能性植物，有着广阔的开发前景。目前，关于辣木中的营养物质已有不少报道，而辣木总黄酮为辣木中重要的有效成分之一，对辣木总黄酮的组分、功能、叶龄、组织、产地、采收期、管理水平、朝向等研究鲜有报道。孙鸣燕[110]对辣木中的总黄酮进行了提取并初步测定了其在不同物质中的含量，进一步可以对辣木中的黄酮种类进行鉴别并测定其含量。不同植物中含有的黄酮种类不同，应用价值也可能不同。黄酮类化合物是中药中一种有显著生命活性的有效成分，但关于辣木黄酮的功效及其在临床上的应用需进一步深入研究。

辣木中黄酮含量会受到多种因素的影响，包括地区、组织、品种和生长期。首先，地区因素。不同产地的辣木中总黄酮的含量也存在差异，孙鸣燕等[110]研究了粤北地区辣木中总黄酮的含量，发现西郊种植的辣木各组织中的总黄酮含量均为最高，分别为叶 6.78%、叶柄 3.43%、茎 2.66%，生态园种植的辣木总黄酮含量为最低。粤北地区种植的辣木叶中总黄酮含量明显低于海南种植的辣木叶

（总黄酮含量为5.31%），可能与粤北地区引种的辣木品种及产地的气候条件有关[23]。其次，组织因素。辣木不同组织中均含有一定量的黄酮类化合物，但各组织间黄酮含量差异也较大，Matshediso[145]的研究表明，总黄酮含量最高的组织和含量最低的组织相差高达18倍之多。辣木不同组织的有效成分含量的变化趋势为：总黄酮含量依次为花柄>叶>花>叶柄>茎>果>果荚>种子>根，以花柄中含量最多，根中最少，组织间的差异达到了极显著水平。花柄中总黄酮含量高达6.31%；叶片是辣木的重要产品组织之一，叶片中的总黄酮含量仅次于花柄，可达4.47%；再其次是花和叶柄；根中的总黄酮含量最低，只有0.53%[110]。张婧等[57]比较了辣木不同组织中总黄酮含量的差异，发现辣木叶中总黄酮含量约是茎中的8~22倍。因此，在提取辣木总黄酮时要注意原材料组织部位的选择。再次，品种因素。不同品种辣木中的总黄酮含量具有明显差异，绿杆小叶品种辣木各组织的总黄酮含量与红杆和绿杆大叶品种辣木相比均为最高[57]。研究表明，M. oleifera 中至少含有17种黄酮类化合物，而 M. ovalifolia 中只含有3种。两个品种似乎含有不同类型的黄酮类化合物，这可能是由于黄酮生物合成过程的差异和遗传因素差异造成的[146]。最后，生长期因素。不同采收期辣木叶和茎中总黄酮含量的差异可能和不同季节辣木的生长速度有关[110]。张婧等[57]的研究结果显示，辣木叶和茎中总黄酮含量随采收时期变化呈两种不同变化规律。辣木叶中总黄酮含量在春季时最高，可达46.16mg/g，而辣木茎中总黄酮含量在春季时最低，为2.44mg/g。辣木叶中的总黄酮含量在嫩龄叶中就有较高的含量，随着叶片的快速发育，总黄酮含量在叶片的壮龄期略有下降，这可能是由于黄酮的合成速度低于叶片的生长速度造成的。当叶龄增长到45d时，辣木叶片的有效成分含量达到最高，其中总黄酮含量为6.11%，因此要从辣木叶片中提取黄酮多以选择45d左右的壮龄叶为最佳[57]。黄酮在辣木体内的合成速度和辣木的生长速度不成比例，缓慢的生长更有利于辣木黄酮的积累。因此，在栽培以获得黄酮为目的的辣木时，为了追求最大的经济效益，要兼顾生物量和黄酮含量两个方面。既不能片面追求生物量的最大化，也不能片面追求黄酮含量的最大化，应该追求单位面积生物量乘以黄酮含量的最大化。不同管理水平、不同朝向也会对辣木中黄酮的含量产生影响。

辣木中黄酮类化合物的提取、分离、分析和药理方面的研究较多，该类化合物具有一定的水溶性，80%的乙醇溶液兼有极性、非极性和中等极性的特点，适合提取混合物成分。另外，用乙醇作溶剂具有无毒、无异味、无残留、安全性好等优点。黄酮含量的定量分析常用的有高效液相色谱（HPLC）法和分光光度法，一般对于黄酮单体的定量多采用HPLC法，而对于总黄酮含量的测定，考虑到方法的简便、快捷及可行性，多采用在碱性条件下加铝盐显色的分光光度法。影响辣木总黄酮提取率的因素和大小为：提取次数>提取温度>乙醇用量>提取时间。通过单因素试验和正交试验优选得到辣木总黄酮提取的最佳条件，辣木总黄酮量为6.59%。并通过实验反复验证此条件是有效的。黄晓萍等[147]以芦丁标准品为对照品，用分光光度法测定辣木叶或辣木茎中总黄酮含量分别为2.132%和1.137%，而且实验回收率较高，偏差较小，这说明该方法及实验结果的准确度较高。用微波辅助提取法提取辣木叶黄酮，提取液经聚酰胺层析柱纯化后，辣木叶黄酮的纯度由纯化前的133.78mg/g提高到661.10mg/g，这说明该方法有较好的纯化效果。Vongsak等[148]应用不同的提取技术，如挤压、煎煮、浸泡、渗流和索氏提取等，提取辣木中的多酚及黄酮类物质，发现70%的乙醇溶液浸泡提取可获得最大的提取率，同时提取液的抗氧化活性也最高。

学者们对辣木中的黄酮和其他多酚类化合物进行了系列研究，主要是对其提取工艺的优化及生物活性的验证。Matshediso等[145]采用高压热水法提取辣木叶中的黄酮和其他多酚类化合物，并对提取工艺进行了优化，有效地避免了由于有机溶剂残留导致的产品品质问题。张涛等[149]证明超声波能显著提高辣木叶中总黄酮的浸提效果，并确定了超声波提取辣木叶黄酮的最佳工艺，总黄酮提取率为96%。孙鸣燕和陈瑞娇等[150-152]采用乙醇回流法研究辣木叶总黄酮的提取工艺和提取效果，辣木叶总黄酮得率达3.95%。吉莉莉等[153]利用响应面法优化微波萃取辣木叶总黄酮工艺，建立黄酮得率的二次多项式回归方程，提取的总黄酮含量为3.45%。岳秀洁等[154]采用响应面分析法对辣木叶黄酮的超声提取工艺进行了优化，总黄酮得率为48.93mg RE/g（视黄醇当量），表明优化超声提取是一种高效的辣木叶黄酮提取方法，有较好的可适用性。

辣木黄酮的功效。黄酮类化合物普遍存在于植物各个组织，具有抗氧化、抑菌、降血糖、抗肿瘤、降血脂等多种生理活性，其中抗氧化活性是其最主要的作用[155]。有研究显示，辣木叶中含有抗氧化作用的异槲皮苷和紫芸草苷等黄酮类成分[156]。目前，发现的黄酮类化合物已达5000多种，在这众多的黄酮类化合物中，因其结构不同，有的表现出生物活性，有的没有生物活性，而且生物活性亦因其结构的差异而不同。所以，提取分离出具有较高生物活性的黄酮类化合物对医药及食品工业是十分重要的。不同的黄酮类化合物具有不同的生物活性，除抗菌、消炎、抗突变、降压、清热解毒、镇静、利尿等作用外，其在抗氧化、抗癌、防癌、抑制脂肪酶等方面也有显著效果。它是大多数氧自由基的清除剂，因而能升高超氧化物歧化酶（SOD）的活力，减少脂质过氧化物丙二醛（MDA）及氧化低密度脂蛋白（LDL）的生成。它可以增加冠脉流量，对实验性心肌梗死有对抗作用；对急性心肌缺血有保护作用；对治疗冠心病、心绞痛、高血压等有显著效果：对降低舒张压，防治心律失常、心血管病和活血化瘀也起重要作用。

据大量的文献报道，辣木叶中含黄酮类化合物，其生理活性较为广泛，对清除自由基、抗氧化、降血糖、防癌、抗癌、改善心血管病等具有潜在作用[157]。辣木叶的水提物或醇提物具有较好的抗菌[158]、抗炎[159]、抑制人体癌细胞增殖并促进其凋亡[160]、清除人体内自由基、抗氧化[148,161]及减轻γ射线辐照对小鼠引起的氧化损伤[162]等作用，此外，辣木叶黄酮对胰脂肪酶具有较好的抑制作用，且纯化后的辣木叶黄酮抑制效果明显有所提高[144]。这主要是由于提取液中富含多酚类（槲皮素、山奈酚、绿原酸等）和黄酮类化合物的原因。

（二）其他多酚类

Kashiwada 等[163]从辣木叶中分离到 5 个绿原酸类分子，其分子式见图 2-3。Saluja 等[164]报道了从辣木的茎中分离到 4-羧基蜂蜜曲菌素和香草醛（图 2-4 中 1 和 2）。Memon 等[165]从辣木籽中分离出一种新的糖苷 *Moringyne*（图 2-4 中 3）。Manguro 等[141]从辣木叶中分离到 3 个新酚苷类化合物（图 2-4 中 4~6）。Saha-kitpichan 等[143]从辣木叶中分离到 2 个已知的酚苷（图 2-4 中 7 和 8）。Chen Guofeng 等[166]从辣木的根皮中分离到新酚苷（图 2-4 中 9），以及已知的酚苷（图 2-4 中 10~19）[143]。

Singh 等[158]通过颜色反应法测定了辣木叶中的总多酚和总黄酮含量，并用 HPLC 法和串联质谱（MS-MS）法研究辣木花和叶水提取物，检测到了没食子酸、绿原酸、鞣花酸、阿魏酸、山奈酚、槲皮苷和香草醛。Coppin 等[169]应用快速、敏感的液相色谱-质谱联用（LC-MS）法测定了辣木叶提取物中的槲皮素、芦丁及山奈酚。应用 LC-MS 法对辣木叶的 12 个黄酮类成分（槲皮素和山奈酚类衍生物）进行了分析。2014 年，Vongsak 等[170]建立了快速 HPLC 定量分析方法，测定辣木叶中的绿原酸、异槲皮素和黄芩苷成分。

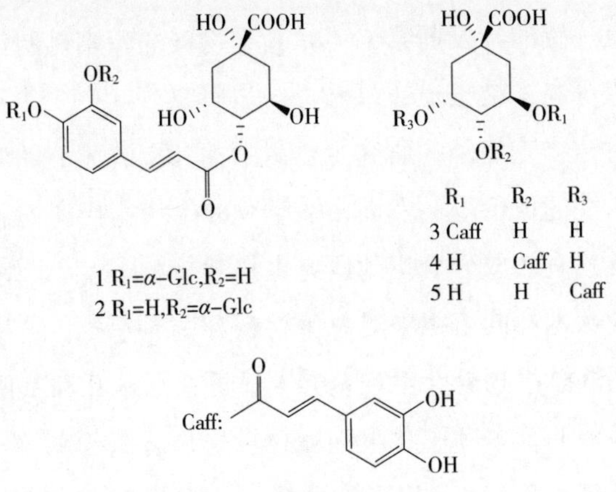

1 $R_1=\alpha-Glc,R_2=H$
2 $R_1=H,R_2=\alpha-Glc$

	R_1	R_2	R_3
3	Caff	H	H
4	H	Caff	H
5	H	H	Caff

Caff:

图 2-3　辣木中绿原酸类衍生物[163]

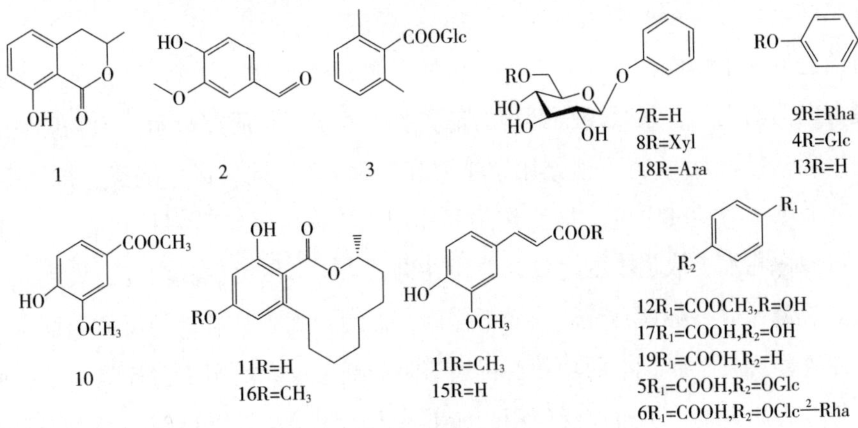

1

2

3

7R=H
8R=Xyl
18R=Ara

9R=Rha
4R=Glc
13R=H

10

11R=H
16R=CH₃

11R=CH₃
15R=H

12R₁=COOCH₃,R=OH
17R₁=COOH,R₂=OH
19R₁=COOH,R₂=H
5R₁=COOH,R₂=OGlc
6R₁=COOH,R₂=OGlc-²-Rha

图 2-4　辣木中酚苷类衍生物[132]

二、生物碱

生物碱是一类广泛存在于自然界植物中含氮原子的碱性有机化合物，具有丰富的结构、生物活性[171]和明显的药理学活性[171]。生物碱在植物中的含量比较低，仅占干重的 $0.01\% \sim 2\%$，主要集中分布在某些特殊的组织中[172]，并且遇到环境胁迫和生物侵扰时会瞬间大量合成[173]。研究表明辣木不同营养组织中均含有生物碱，且以叶片最高，其他组织中的含量相对较低，叶片中最高含量可达4.62mg/g，可见辣木叶片的生产效率较高，但运输和积累效率较低。另外辣木总生物碱含量在夏季较春季低，初步考虑与环境胁迫机制相关。总之，辣木叶片中的总生物碱可能有一定的开发前景，但是其生物碱的积累机制以及生物碱含量积累的主要影响因素等尚未被报道，可做进一步研究。

目前，国内对植物生物碱的研究主要集中在其有效成分的测定、提取、分离方法研究和生理活性的评价上，然而多数生物碱的药物代谢问题尚未解决，并且对生物碱类药物及其有效成分分析的研究也相对较少[174]。张婧等[57]研究了不同采收期、不同品种辣木不同组织中对总生物碱含量的差异，结果显示，各品种同一组织不同采收期的总生物碱含量均差异不显著，辣木叶和茎两个组织中均含有总生物碱，不同品种的辣木叶中总生物碱含量均显著高于茎（$p<0.05$），差异均达到了极显著水平（$p<0.01$）。相比较而言，绿杆大叶品种辣木的总生物碱含量平均水平较高，品质比较优良。在春季，绿杆大叶辣木叶中的生物碱含量是红杆和绿杆小叶生物碱含量的两倍多。

目前已发现生物碱约1万种[175]，它具有明显的药理学活性[176]，是人类使用的最古老药物之一，也是现代药物的最主要来源之一。研究显示，生物碱具有多样的生理活性和明显的药理作用，主要有抗菌[177]、抗病毒、抗炎、抗肿瘤、平喘、降血糖、对免疫系统的抑制作用和作用于心血管系统等多种功能[178]。科研人员将辣木叶水提取物中的生物碱作用在青蛙心脏上以测试其活性，发现总生物碱及其盐对青蛙心脏具有负性的变力作用，抑制青蛙心脏对钙的反应，证实了辣木叶在改善高血压症状中的功效。钙通道阻滞剂不仅广泛用于治疗高血压，而且在心脏性心律失常中也被广泛使用。印度辣木叶片中高效生物碱的钙通道阻断性质需进一步被研究[179]。生物碱的特殊生物活性，掀起了全世界对植物生物碱研究开发利用的热潮[180]，使科学界对其研究进入了一个崭新的阶段，今后植物生物碱在医药和保健品领域具有很大的开发和利用前景。

三、固醇和糖苷类

Bianchini等[166]从辣木和其他两种植物中共分离出9种固醇并进行定量分析，主要是β-谷固醇（42%~62%）、豆固醇（18%~27%）和菜油固醇（10%~

24%）[101]。Chen 等报道了辣木根皮中的甾醇及其衍生物 β-谷甾醇、豆甾醇、β-豆甾酮、豆甾-4,22-二烯-3-酮、β-谷甾醇-3-O-D-葡萄糖苷和 β-豆甾醇-3-O-β-葡萄糖苷，三萜衍生物白桦脂酸、熊果酸以及木脂素（+）-松脂素、芝麻林素和芝麻素等。

糖苷类化合物是单糖半缩醛羟基与另一个非糖分子的羟基、氨基或巯基缩合形成的含糖衍生物，是辣木中存在的另一种重要的功能性成分。Guevara 等[181] 的研究表明辣木叶片中所含的硫代氨基甲酸盐和辣木籽中所含的异硫氰酸酯 4-（α-L-鼠李糖基）-异硫氰酸酯（GMC-ITC）、β-谷甾醇-3-O-β-D-吡喃葡糖苷、辣木米辛均对 EB 病毒（EBV）有显著的抑制作用，且硫氨基酸脂能抑制肿瘤细胞生长。辣木根部含有 0.2% 的生物碱，其中辣木素和凤尾辣木素有明显的杀菌作用。其根中还含有橙花菌素酰胺乙酸酯和 1,3-二苯基尿酸，它们能有效阻止肿瘤坏死因子-α（TNF-α）和白细胞介素（IL-2）生成，具有抗炎作用[72]。Ndiaye 等[182] 的研究也表明，辣木根具有抗炎作用，750mg/kg 辣木根提取液能够抵抗炎症，效果与药品消炎止痛相当[183]。

芥子油苷（硫代葡萄糖苷）是一类葡萄糖衍生物的总称，广泛存在于十字花科等植物中。据报道，辣木中的芥子油苷存在于辣木叶的甲醇或水提取液中，具有抗菌、抗炎、抗癌作用。Förster 等[184] 用甲醇提取辣木叶中芥子油苷，利用 HPLC 法测定，建立了一种辣木芥子油苷的提取及定量新方法，有效地避免了天然芥子油苷的转化和降解。芥子油苷本身是一种稳定的化合物，但在硫苷酸酶的催化作用或加压热处理条件下会发生降解并生成多种降解产物，如异硫氰酸盐类物质。Waterman 等[185] 以天然黑芥子硫苷酸酶催化辣木叶水提浓缩液中芥子油苷转化为异硫氰酸盐，发现得到的异硫氰酸盐具有减轻慢性疾病中轻度炎症的功效。

第四节　辣木抗营养因子

虽然辣木的营养价值非常高，但并不代表所有人都能食用、消化辣木，辣木食品在研发过程中存在着诸多问题。辣木中含有一些抗营养因子，如草酸、蒽酮、生物碱等，第一次食用辣木的人可能会出现呕吐、腹泻等不适症状。除此之外，辣木中还含有皂苷、辣木素等物质，长期食用不利于健康甚至会危及生命。需要引起注意的是，辣木蛋白质含量虽高，但辣木中一些内源性的抗营养因子使蛋白质的消化率降低，导致其生物价值较低。辣木中的钙含量也很高，但钙会与辣木中的草酸结合形成草酸钙，妨碍机体对钙的吸收，长期食用可能有患肾结石的风险[11]。也有研究认为，辣木粉中所含的膳食纤维、维生素、氨基酸等对辣木粉的蛋白质消化率有一定的影响，如蛋白质被纤维素包裹不易与消化酶接触，食用者体内消化酶的含量以及消化所用的时间也会影响辣木蛋白质的消化吸收。食物中膳食纤维的存在也可能会影响一些元素的消化吸收。增加人体膳食纤维的摄入量可以降低机体对蛋白质的消化吸收。辣木粉中较高的膳食纤维含量可能是导致辣木营养元素吸收不完全的重要原因之一[71]。

辣木叶中的抗营养因子有酚类物质和皂苷，酚类物质的浓度远低于动物中毒的极限水平，而皂苷是惰性的。辣木根和皮里的抗营养因子如辣木碱（Moringine）仅仅在大剂量时有强心和升高血压的作用。由于这些抗营养因子的含量极少，且在一般的烹调加工中又几乎被破坏掉，因此，可以完全放心食用，若作为饲料直接饲喂时应处理后再使用，避免引起中毒[72,107]。

辣木中籽粉中的抗营养因子有单宁、植酸盐、酚类、黄酮类、皂角苷、生物碱和萜类化合物。研究表明，这些植物化学成分在发酵辣木籽粉样品中含量较低（表2-9），相较于未处理和发芽处理，发酵处理能够显著降低辣木籽中植物化学成分的含量[31]。

表2-9　　生、发芽和发酵的辣木籽粉中抗营养因子的含量[31]　单位：mg/100g

抗营养因子	生辣木籽粉	发芽辣木籽粉	发酵辣木籽粉
单宁	241.67±1.67	181.67±1.67	146.67±3.33
植酸	78.33±1.67	40.00±0.00	28.33±1.67
酚醛	40.00±0.00	34.33±0.67	23.00±1.00
生物碱	17.33±0.17	15.33±0.33	12.33±0.17
黄酮	5.50±0.01	5.50±0.00	5.00±0.02
皂苷	9.83±0.17	8.00±0.29	7.50±0.00
萜类化合物	20.00±0.11	27.50±0.21	25.00±0.13

植酸、凝集素、酚类化合物、单宁、皂苷、酶抑制剂、氰基糖苷和硫代葡萄糖苷等抗营养因子会降低辣木中某些营养物质的生物利用度并会影响儿童成长[191]。但有研究显示，低剂量的抗营养因子和植物化学成分会对人类产生其他益处[190]。低水平的植酸、凝集素、酚类化合物和皂苷反而具有降低血糖、降胆固醇血症和抗癌的作用。辣木籽中的生物碱含量低于其推荐用于饲料的安全上限60mg/100g[186]。辣木籽中的单宁含量低于花生种子（450.00mg/100g）、高粱粒（280.00mg/100g）[187]和木豆（550.00mg/100g）中单宁的含量[188]。辣木籽中皂苷的含量也较低（5.20mg/100g）[189]。

不同的研究对辣木中抗营养因子的安全性及其作用分析不同。抗营养因子是与辣木营养价值息息相关的一项指标，且关系到人类的健康及安全，应给予更多的关注及研究。全面系统地分析其利弊，研究其对不同地区人群的影响是否一致，可为辣木功能性食品、药品的研发提供有力的指导和参考。

参考文献

［1］Teixeira E M，Carvalho M R，Neves V A，et al.Chemical characteristics and fractionation of proteins from *Moringa oleifera* Lam.leaves［J］.Food Chemistry,2014,147:51-54.

［2］Leone A，Fiorillo G，Criscuoli F，et al.Nutritional characterization and phenolic profiling of *Moringa oleifera* leaves grown in Chad,Sahrawi Refugee Camps,and Haiti［J］.International tournal of Molecular Sciences,2015,16(8):18923-18937.

［3］Alhakmani F，Kumar S，Khan S A.Estimation of total phenolic content,in-vitro antioxidant and anti-inflammatory activity of flowers of *Moringa oleifera*［J］.Asian Pacific Journal of Tropical Biomedicine,2013,3(8):623-627;discussion 626-627.

［4］Vongsak B，Sithisarn P，Gritsanapan W.Simultaneous HPLC quantitative analysis of active compounds in leaves of *Moringa oleifera* Lam［J］.2014,52(7):641-5.

［5］孔令钰,贺艳培,陶遵威,等.辣木生物活性的研究进展［J］.天津药学,2015,27(2):57-59.

[6] 林玲,何舒澜.辣木的研究进展[J].海峡药学,2013,25(11):60-63.

[7] 马玲玲.神奇辣木,全身是宝前景好[J].农村百事通,2016,(1):21.

[8] 陈秀华.素食黄金——辣木树[J].农产品加工·综合刊,2012,(4):26.

[9] 吴顿,蔡志华,魏烨昕,等.辣木作为新型植物性蛋白质饲料的研究进展[J].动物营养学报,2013,25(3):503-511.

[10] 张香云,周永萍,孙辉,等.一种新型植物-辣木的应用价值[J].现代农村科技,2015,(2):75.

[11] 苏科巧,陶亮,黄艾祥.辣木食品研究进展[J].农产品加工·综合刊,2015,(1):72-74.

[12] 孙丹,管俊岭,许玫,等.辣木的有效成分、保健功能和开发利用研究进展[J].热带农业科学,2016,36(3):28-33.

[13] Oldham C.The Vitamin Tree[J].Organic Gardening,2013.

[14] 任飞,王羽梅,孙鸣燕.不同采收期辣木多糖及可溶性糖含量变化的研究[J].时珍国医国药,2010,21(9):2204-2205.

[15] 杨东顺,樊建麟,邵金良,等.辣木不同部位主要营养成分及氨基酸含量比较分析[J].山西农业科学,2015,43(9):1110-1115.

[16] 初雅洁,符史关,龚加顺.云南不同产地辣木叶成分的分析比较[J].食品科学,2016,37(2):160-164.

[17] Abdulkadir A R,Zawawi D D,Jahan M S.Proximate and phytochemical screening of different parts of *Moringa oleifera*[J].Russian Agricultural Sciences,2016,42(1):34-36.

[18] Vats S,Gupta T.Evaluation of bioactive compounds and antioxidant potential of hydroethanolic extract of *Moringa oleifera* Lam. from Rajasthan, India [J].Physiology & Molecular Biology of Plants,2017,23(1):239-248.

[19] 郭刚军,龙继明,黄艳丽,等.多油辣木不同部位营养成分分析及评价[J].食品工业科技,2016,37(22).

[20] Melesse A,Steingass H,Boguhn J,et al.Effects of elevation and season on nutrient composition of leaves and green pods of *Moringa stenopetala* and *Moringa oleifera*[J].Agroforestry Systems,2012,86(3):505-518.

[21] 陈逸鹏,梁建芬.辣木叶功效及相关成分研究进展[J].食品研究与开发,2016,

37(14):201-205.

[22] Mune M a M,Nyobe E C,Bassogog C B,et al.A comparison on the nutritional quality of proteins from *Moringa oleifera* leaves and seeds[J],2016.

[23] 刘昌芬,伍英,龙继明.不同品种和产地辣木叶片营养成分含量[J].热带农业科技,2003,26(4):1-2.

[24] 闻向东,王淑萍,李庆华.印度辣木根化学成分分析[J].农产品加工:学刊,2006,(7):66-67.

[25] 任广旭,伊素芹,张鸿儒,等.辣木功效的研究现状[J].食品研究与开发,2016,37(16):219-222.

[26] Stohs S J,Hartman M J.Review of the Safety and Efficacy of *Moringa oleifera*[J].Phytotherapy Research Ptr,2015,29(6):796-804.

[27] Rajanandh M G,Satishkumar M N,Elango K,et al.*Moringa oleifera* Lam.A herbal medicine for hyperlipidemia:A pre-clinical report[J].Asian Pacific Journal of Tropical Disease,2012,2(2):S790-S795.

[28] Gupta R,Mathur M,Bajaj V K,et al.Evaluation of antidiabetic and antioxidant activity of *Moringa oleifera* in experimental diabetes[J].Journal of Diabetes,2012,4(2):164.

[29] Atsukwei D.Hypolipidaemic effect of ethanol leaf extract of *Moringa oleifera* Lam. in experimentally induced hypercholesterolemic wistar rats[J],2014,3(4):355.

[30] 樊建麟,邵金良,叶艳萍,等.辣木籽营养成分含量测定[J].中国食物与营养,2016,22(5):69-72.

[31] Ijarotimi O S,Adeoti O A,Ariyo O.Comparative study on nutrient composition, phytochemical,and functional characteristics of raw,germinated,and fermented *Moringa oleifera* seed flour[J].Food Science & Nutrition,2013,1(6):452.

[32] 段琼芬,余建兴,马李一,等.超声波辅助溶剂萃取辣木籽油条件优化[J].中国粮油学报,2009,24(8):92-95.

[33] Leone A,Spada A,Battezzati A,et al.*Moringa oleifera* seeds and oil: Characteristics and uses for human health[J].International Journal of Molecular Sciences,2016,17(12):2141.

[34] 余建兴,马李一,赵春,等.超声波辅助提取辣木油的工艺研究[J].食品科学,

2009,30(6):64-67.

[35] 刘冰,王永明,徐蓉,等.辣木籽对大鼠糖尿病脑病的神经保护作用[J].长春中医药大学学报,2010,26(2):179-180.

[36] 周曼舒,骆蓓菁,严铭,等.辣木籽提取液去除水中4种重金属的研究[J].水处理技术,2017,(5):68-71.

[37] 张饮江,王聪,刘晓培,等.天然植物辣木籽对水体净化作用的研究[J].合肥工业大学学报:自然科学版,2012,35(2):262-267.

[38] 伍斌,郑毅.Cr(Ⅵ)生物吸附剂辣木籽的改性研究[J].环境污染与防治,2013,35(12):64-67.

[39] 白宝清.辣木栽培技术与利用[J].吉林农业,2014,(7):57-58.

[40] Sánchez-Machado D I,Núñez-Gastélum J A,Reyes-Moreno C,et al.Nutritional quality of edible parts of *Moringa oleifera*[J].Food Analytical Methods,2010,3(3):175-180.

[41] Makkar H P S,Becker K.Nutrional value and antinutritional components of whole and ethanol extracted *Moringa oleifera* leaves[J].Animal Feed Science & Technology,1996,63(1-4):211-228.

[42] Gidamis A B,Panga J T,Sarwatt S V,et al.Nutrient and antinutrient contents in raw and cooked young leaves and immature pods of *Moringa oleifera*,Lam[J].Ecology of Food & Nutrition,2003,42(6):399-411.

[43] 秦树香,沈文杰,刘敏君,等.辣木的研究开发应用与展望[J].长江蔬菜,2016,(18):32-38.

[44] 伍斌,郑毅.辣木树皮对Cr(Ⅵ)吸附性能的研究[J].环境科学与技术,2013,(s2):11-14.

[45] 王小安,潘少霖,高敏霞,等.辣木嫩梢营养成分测定与分析[J].东南园艺,2016,4(4):11-13.

[46] 刘长倩,高巍,杨柳,等.辣木的化学成分研究[J].安徽农业科学,2016,(5):142-144.

[47] Thurber M D,Fahey J W.Adoption of *Moringa oleifera* to combat under-nutrition viewed through the lens of the "Diffusion of innovations" theory[J].Ecology of Food & Nutrition,2009,48(3):212.

［48］ Sena L P, Vanderjagt D J, Rivera C, et al. Analysis of nutritional components of eight famine foods of the Republic of Niger［J］.Plant Foods for Human Nutrition, 1998,52(1):17-30.

［49］ Reyes Sánchez N.*Moringa oleifera* and Cratylia argentea［J］. Acta Universitatis Agriculturae Sueciae,2006.

［50］ Knights P B M.Nutrient analysis of *Moringa oliefera* as a high protein supplement for animals［J］.Psyche A Journal of Entomology,2010,1(2):428-429.

［51］ Zheng Y, Zhang Y, Wu J. Yield and quality of *Moringa oleifera* under different planting densities and cutting heights in southwest China［J］.Industrial Crops & Products,2016,91:88-96.

［52］ Manzoor M, Anwar F, Iqbal T, et al.Physico-chemical characterization of *Moringa concanensis* seeds and seed oil［J］.Journal of the American Oil Chemists Society, 2007,84(5):413-419.

［53］ Oliveira, Teixeira I C, Gonçalves E M B, et al. Acceptability of vitamin enriched with multimixtures of *Moringa oleifera* Lam.Powder and Cassara Leaf Powder［J］.

［54］ Nouman W, Anwar F, Gull T, et al.Profiling of polyphenolics, nutrients and antioxidant potential of germplasm's leaves from seven cultivars of *Moringa oleifera* Lam ［J］.Industrial Crops & Products,2016,83:166-176.

［55］ Olson M E, Sankaran R P, Fahey J W, et al. Leaf protein and mineral concentrations across the "Miracle Tree" genus *Moringa*［J］.Plos One,2016,11 (7):e0159782.

［56］ Wang L, Zou Q, Wang J, et al.Proteomic profiles reveal the function of different vegetative tissues of *Moringa oleifera*［J］.Protein Journal,2016:1-8.

［57］ 张婧.辣木组织培养及有效成分分析［D］.福建农林大学,2013.

［58］ 白雪媛,赵雨,张惠,等.不同产地人参中水溶性蛋白质含量的差异性研究［J］. 中国现代应用药学,2012,(11):980-983.

［59］ Paula P C, Sousa D O, Oliveira J T, et al. A Protein isolate from *Moringa oleifera* leaves has hypoglycemic and antioxidant effects in alloxan-induced diabetic mice ［J］.Molecules,2017,22(2):271.

［60］ Gifoni J M. A novel chitin-binding protein from *Moringa oleifera* seed with potential for plant disease control[J].Peptide Science,2012,98(4):406-415.

[61] Pereira M L,De Oliveira H D,De Oliveira J T,et al.Purification of a chitin-binding protein from *Moringa oleifera* seeds with potential to relieve pain and inflammation[J].Protein & Peptide Letters,2011,18(11):1078-1085.

[62] Pinto C E,Farias D F,Carvalho A F,et al.Food safety assessment of an antifungal protein from *Moringa oleifera* seeds in an agricultural biotechnology perspective [J].Food & Chemical Toxicology,2015,83:1.

[63] Katre U V,Suresh C G,Khan M I,et al.Structure-activity relationship of a hemagglutinin from *Moringa oleifera* seeds[J].International Journal of Biological Macromolecules,2008,42(2):203-207.

[64] Santos A F S,Luz L A,Argolo A C C,et al.Isolation of a seed coagulant *Moringa oleifera* lectin[J].Process Biochemistry,2009,44(4):504-508.

[65] Luz L A,Silva M C,Ferreira R S,et al.Structural characterization of coagulant *Moringa oleifera* Lectin and its effect on hemostatic parameters[J].International Journal of Biological Macromolecules,2013,58(7):31-36.

[66] Nour A a M,Ibrahim M a E M.Effect of supplementation with *Moringa* leaves powder (MLP) and fermentation on chemical composition,total minerals contents and sensory characteristics of sorghum flour[J].International Jounal of Science and Research,5(3):672-677.

[67] Nour A a M,Mohamed A R,Adiamo O Q,et al.Changes in protein nutritional quality as affected by processing of millet supplemented with *Moringa* seed flour [J].Journal of the Saudi Society of Agricultural Sciences,2016.

[68] 陈汝财.辣木蛋白超声辅助提取试验[J].福建农业科技,2015,46(10):31-34.

[69] 吕晓亚,白新鹏,伍曾利,等.辣木叶水溶性蛋白的超声-微波萃取及其性质研究[J].食品工业科技,2016,37(5).

[70] 熊瑶.辣木叶蛋白质提取及其饮品研制[D].福建农林大学,2012.

[71] 邓卫利,林葵,黄一帆,雷少玲.辣木粉主要营养成分分析研究[J].食品研究与开发,2017,(第13期):158-161.

[72] 贺艳培,王倩,孔令钰.辣木的研究进展[J].天津科技,2013,25(2):87-90.

［73］饶之坤,封良燕,李聪,等.辣木营养成分分析研究[J].现代仪器与医疗,2007,
　　　13(2):18-20.

［74］Androutsopoulos V P,Papakyriakou A,Vourloumis D,et al.Dietary flavonoids in
　　　cancer therapy and prevention:Substrates and inhibitors of cytochrome P450
　　　CYP1 enzymes[J].Pharmacology & Therapeutics,2010,126(1):9-20.

［75］M D J.Free amino acids and carotenes in the leaves of *Moringa oleifera*[J].
　　　Current Science,1965,34(12):374-375.

［76］Ramiah N N G A.Amino acids and sugars in the flowers and fruits of *Moringa oleif-
　　　era* Lam.[J].Journal of the Institution of Chemists (India),1977,49(3):163-165.

［77］周丹蓉,王小安,叶新福,等.辣木氨基酸分析与营养评价研究[J].热带作物学
　　　报,2017,38(2):278-282.

［78］王芳,乔璐,张庆庆,等.桑叶蛋白氨基酸组成分析及营养价值评价[J].食品科
　　　学,2015,36(1):225-228.

［79］郭刚军,胡小静,徐荣,马尚玄,龙继明,李海泉.不同干燥方式对辣木叶营养、
　　　功能成分及氨基酸组成的影响[J].食品科学,2018,39(11):39-45.

［80］Ojiako E N,Okeke C C.Determination of antioxidant of *Moringa oleifera* seed oil
　　　and its use in the production of a body cream[J],2013,3(3):1-4.

［81］Lalas S,Tsaknis J,Sflomos K.Characterisation of *Moringa stenopetala* seed oil vari-
　　　ety “Marigat & rdquo;from island Kokwa[J].European Journal of Lipid
　　　Science & Technology,2003,105(1):23-31.

［82］Anwar F,Hussain A I,Iqbal S,et al.Enhancement of the oxidative stability of
　　　some vegetable oils by blending with *Moringa oleifera* oil[J].Food Chemistry,
　　　2007,103(4):1181-1191.

［83］段琼芬,马李一,余建兴,等.辣木油抗紫外线性能研究[J].食品科学,2008,29
　　　(9):118-121.

［84］段琼芬,杨莲,李钦,等.辣木油对小鼠抗紫外线损伤的保护作用[J].林产化学
　　　与工业,2009,29(5):69-73.

［85］段琼芬,刘飞,罗金岳,等.辣木籽油的超临界 CO_2 萃取及其化学成分分析
　　　[J].中国油脂,2010,35(2):76-79.

［86］Amina A. A,Rabab W. M,Hoda G. M. A. Fatty acids profile and chemical composition of Egyptian *Moringa oleifera* seed oils[J].Journal of the American Oil Chemists Society,2016,93(3):397-404.

[87] 陈德华,张孝祺,张惠娜.一种新型功能食用油——辣木籽油[J].广东农业科学,2008,(5):17-18.

[88] 余建兴.辣木油提取技术及对大鼠辅助降血脂作用的研究[D].昆明医学院,2009.

[89] 马李一,余建兴,张重权,等.水酶法提取辣木油的工艺研究[J].林产化学与工业,2010,30(3):53-56.

[90] Bhutada P R,Jadhav A J,Pinjari D V,et al.Solvent assisted extraction of oil from *Moringa oleifera* Lam.seeds[J].Industrial Crops & Products,2016,82:74-80.

[91] 王有琼,段琼芬,孙龙,等.辣木油浸提方法探讨[J].林业工程学报,2004,18(4):50-51.

[92] Tsaknis J, Lalas S, Gergis V, et al. Characterization of *Moringa oleifera* variety Mbololo seed oil of Kenya[J].Journal of Agricultural & Food Chemistry,1999,47(11):4495.

[93] Njoku O U,Adikwu M U.Investigation on some physico-chemical antioxidant and toxicological properties of *Moringa oleifera* seed oil[J].Acs Applied Materials & Interfaces,1997,3(4):956-968.

[94] Badami R C,Patil K B,Shivamurthy S C.Minor seed oils. XIII.Examination of seed oils rich in linoleic acid [India].Research note[J].Journal of Food Science & Technology,1977.

[95] Tsaknis J,Lalas S,Gergis V,et al.A total characterisation of *Moringa oleifera* Malawi seed oil[J].Rivista Italiana Delle Sostanze Grasse,1998.

[96] 刘红,谷风林,宗迎,等.辣木籽仁的化学成分分析[J].热带农业工程,2015,39(1):1-5.

[97] Abdulkarim S M, Long K, Lai O M, et al.Some physico-chemical properties of *Moringa oleifera* seed oil extracted using solvent and aqueous enzymatic methods [J].Food Chemistry,2005,93(2):253-263.

[98] Amaglo N K,Bennett R N,Curto R B L,et al.Profiling selected phytochemicals and nutrients in different tissues of the multipurpose tree *Moringa oleifera* L.,

grown in Ghana[J].Food Chemistry,2010,122(4):1047-1054.

[99] Freiberger C E,Vanderjagt D J,Pastuszyn A,et al.Nutrient content of the edible leaves of seven wild plants from Niger[J].Plant Foods for Human Nutrition,1998, 53(1):57-69.

[100] Ibrahim S S,Ismail M,Samuel G,et al. Benseeds:A potential oil source [J],1974.

[101] Bianchini J P,Gaydou E M,Rabarisoa I.Fatty acid and sterol composition of the seed oils of *Moringa hildebrantii*,Brochoneura freneei and strychnos spinosa[J]. European Journal of Lipid Science & Technology,2010,83(8):302-304.

[102] Saini R K,Shetty N P,Giridhar P.GC-FID/MS analysis of fatty acids in Indian cultivars of *Moringa oleifera*:Potential sources of PUFA[J].Journal of the American Oil Chemists Society,2014,91(6):1029-1034.

[103] Ayerza R.Seed yield components,oil content,and fatty acid composition of two cultivars of moringa (*Moringa oleifera* Lam.) growing in the Arid Chaco of Argentina[J].Industrial Crops & Products,2011,33(2):389-394.

[104] Lalas S,Tsaknis J.Characterization of *Moringa oleifera* seed oil variety "Periyakulam 1"[J].Journal of Food Composition & Analysis,2002,15(1):65-77.

[105] Zacheo G,Cappello M S,Gallo A,et al.Changes associated with post-harvest ageing in almond seeds[J].LWT-Food Science and Technology,2000,33(6): 415-423.

[106] Mondal S,Chakraborty I,Pramanik M,et al.Structural studies of an immunoenhancing polysaccharide isolated from mature pods (fruits) of *Moringa oleifera* (sajina)[J].Medicinal Chemistry Research,2004,13(6-7):390-400.

[107] 董小英,唐胜球.辣木的营养价值及生物学功能研究[J].广东饲料,2008,17 (9):39-41.

[108] 陈瑞娇,彭珊珊,王玉珍,等.辣木叶中多糖含量的测定[J].时珍国医国药, 2007,18(7):1770-1771.

[109] 张涛,马海乐,钟慧慧.分光光度法测定辣木多糖含量[J].粮油食品科技, 2004,12(1):32-33.

[110] 孙鸣燕.辣木黄酮和多糖提取方法及其含量影响因素的初步研究[D].内蒙

古农业大学,2008.

[111] 董成国.辣木籽水溶性多糖的分离纯化、结构表征及其抗氧化活性研究[D].哈尔滨工业大学,2016.

[112] Shen S,Chen D,Li X,et al.Optimization of extraction process and antioxidant activity of polysaccharides from leaves of Paris polyphylla[J].Carbohydrate Polymers,2014,104(104):80.

[113] Lu J,You L,Lin Z,et al.The antioxidant capacity of polysaccharide from Laminaria japonica by citric acid extraction[J].International Journal of Food Science & Technology,2013,48(7):1352-1358.

[114] Wang P,Chen D,Jiang D,et al.Alkali extraction and in vitro antioxidant activity of Monascus mycelium polysaccharides[J].Journal of Food Science & Technology,2014,51(7):1251.

[115] Zhu Y,Li Q,Mao G,et al.Optimization of enzyme-assisted extraction and characterization of polysaccharides from Hericium erinaceus[J].Carbohydrate Polymers,2014,101(1):606.

[116] Chen R,Li Y,Dong H,et al.Optimization of ultrasonic extraction process of polysaccharides from Ornithogalum Caudatum Ait and evaluation of its biological activities[J].Ultrasonics Sonochemistry,2012,19(6):1160.

[117] Li C,Fu X,Huang Q,et al.Ultrasonic extraction and structural identification of polysaccharides from Prunella vulgaris and its antioxidant and antiproliferative activities[J].European Food Research & Technology,2015,240(1):49-60.

[118] Thirugnanasambandham K,Sivakumar V,Maran J P.Microwave-assisted extraction of polysaccharides from mulberry leaves[J].International Journal of Biological Macromolecules,2015,72:1.

[119] Chen R,Jin C,Li H,et al.Ultrahigh pressure extraction of polysaccharides from Cordyceps militaris and evaluation of antioxidant activity[J].Separation & Purification Technology,2014,134:90-99.

[120] Zhao W,Yu Z,Liu J,et al.Optimized extraction of polysaccharides from corn silk by pulsed electric field and response surface quadratic design[J].Journal of the Science of Food & Agriculture,2011,91(12):2201-2209.

[121] Liao N, Zhong J, Ye X, et al. Ultrasonic-assisted enzymatic extraction of polysaccharide from Corbicula fluminea : Characterization and antioxidant activity ☆ [J]. LWT - Food Science and Technology, 2015, 60(2):1113-1121.

[122] Liu J L, Zheng S L, Fan Q J, et al. Optimisation of high-pressure ultrasonic-assisted extraction and antioxidant capacity of polysaccharides from the rhizome of Ligusticum chuanxiong[J]. International Journal of Biological Macromolecules, 2015, 76:80-85.

[123] Fan T, Hu J, Fu L, et al. Optimization of enzymolysis - ultrasonic assisted extraction of polysaccharides from Momordica charabtia L. by response surface methodology[J]. Carbohydrate Polymers, 2015, 115:701.

[124] Chen C, Zhang B, Huang Q, et al. Microwave - assisted extraction of polysaccharides from *Moringa oleifera* Lam. leaves:Characterization and hypoglycemic activity[J]. Industrial Crops & Products, 2017, 100:1-11.

[125] 陈瑞娇. 辣木叶多糖的提取及分离纯化[J]. 中药材, 2006, 29(12):1358-1360.

[126] 梁鹏, 甄润英. 辣木茎叶中水溶性多糖的提取及抗氧化活性的研究[J]. 食品研究与开发, 2013,(14):25-29.

[127] Sánchezmachado D I, Lópezcervantes J, Lópezhernández J, et al. Determination of the uronic acid composition of seaweed dietary fibre by HPLC[J]. Biomedical Chromatography, 2004, 18(2):90-97.

[128] Anudeep S, Prasanna V K, Adya S M, et al. Characterization of soluble dietary fiber from *Moringa oleifera* seeds and its immunomodulatory effects [J]. International Journal of Biological Macromolecules, 2016, 91:656-662.

[129] Dahot M U. Vitamin contents of flowers and seeds of *Moringa oleifera*[J]. Pakistan Journal of Biochemistry, 1988.

[130] Dogra P D, Singh B P, Tandon S. Vitamin C content in *Moringa* pod vegetable [J], 1975.

[131] Asghari G, Palizban A, Bakhshaei B. Quantitative analysis of the nutritional components in leaves and seeds of the Persian *Moringa peregrina* (Forssk.) Fiori [J]. Pharmacognosy Research, 2015, 7(3):242-248.

[132] 许敏,赵三军,宋晖,等.辣木的研究进展[J].食品科学,2016,37(23):291-301.

[133] 刘忠妹,许木果,丁华平,等.不同品种辣木中微量元素的分布特征[J].中国农学通报,2016,32(10):85-89.

[134] 刘忠妹,李海泉,许木果,等.3种辣木中氮、磷、钾、钙和镁元素含量的比较[J].热带作物学报,2016,37(3):461-465.

[135] 丁音琴.微波消解ICP-OES法测定辣木叶中的矿物质元素[J].福建农业科技,2014,(10):11-14.

[136] 王素燕,刘静华.ICP-AES同时测定辣木叶中的6种微量元素[J].光谱实验室,2005,22(5):1102-1104.

[137] 刘莉.蔬菜营养学[M].天津:天津大学出版社,2014.

[138] 沈慧,陶宁萍,赵林敏,等.辣木叶中多酚提取的工艺研究[J].食品工业科技,2016,37(18).

[139] Mohammed S,Manan F A.Analysis of totalphenolics,tannins and flavonoids from *Moringa Oleifera* seed extract[J].Journal of Chemical and Phamaceutical Research,2015,7(1):132-135.

[140] Villasenor I M,Lim-Sylianco C Y,Dayrit F.Mutagens from roasted seeds of *Moringa oleifera*[J].Mutation Research,1989,224(2):209-212.

[141] Manguro L O,Lemmen P.Phenolics of *Moringa oleifera* leaves[J].Natural Product Research,2007,21(1):56-68.

[142] Jangwan J S D M.New flavanone triglycoside from *Moringa oleifera*[J].International Journal of Chemical Sciences,2008,6(1):358-362.

[143] Sahakitpichan P,Mahidol C,Disadee W,et al.Unusual glycosides of pyrrole alkaloid and 4′-hydroxyphenylethanamide from leaves of *Moringa oleifera*[J].Phytochemistry,2011,72(8):791-795.

[144] 王远,郑雯,蔡珺珺,等.辣木叶黄酮结构分析及其对胰脂肪酶的抑制作用[J].食品科学,2018,39(2).

[145] Matshediso P G,Cukrowska E,Chimuka L.Development of pressurised hot water extraction(PHWE)for essential compounds from *Moringa oleifera* leaf extracts[J].Food Chemistry,2015,172:423-427.

[146] Makita C,Chimuka L,Steenkamp P,et al.Comparative analyses of flavonoid content in *Moringa oleifera* and *Moringa ovalifolia* with the aid of UHPLC-qTOF-MS fingerprinting[J].South African Journal of Botany,2016,105:116-122.

[147] 黄晓萍,胡宗礼,任安祥,等.粤北地区栽培的辣木不同部位总黄酮含量的测定[J].中外健康文摘,2009,6(2):163-164.

[148] Vongsak B,Sithisarn P,Gritsanapan W.Bioactive contents and free radical scavenging activity of *Moringa oleifera* leaf extract under different storage conditions[J].Industrial Crops & Products,2013,49(4):419-421.

[149] 张涛,马海乐.超声波提取辣木黄酮技术的研究[J].粮油食品科技,2005,13(5):19-21.

[150] 孙鸣燕,王羽梅.辣木叶总黄酮提取方法的优化研究[J].韶关学院学报,2007,28(12):88-92.

[151] 陈瑞娇,朱必凤,王玉珍,等.辣木叶总黄酮的提取及其降血糖作用[J].食品与生物技术学报,2007,26(4):42-45.

[152] 陈瑞娇,彭珊珊,王玉珍.辣木叶总黄酮乙醇提取工艺的研究[J].食品研究与开发,2007,28(4):29-31.

[153] 吉莉莉,汪开毓,罗晓波,等.辣木叶总黄酮响应面法微波萃取工艺优化及其体外降糖效果观察[J].天然产物研究与开发,2015,27(6):979-985.

[154] 岳秀洁,李超,扶雄.超声提取辣木叶黄酮优化及其抗氧化活性[J].食品工业科技,2016,37(1).

[155] Morimoto M,Tanimoto K,Nakano S,et al.Insect Antifeedant Activity of Flavones and Chromones against Spodoptera litura[J].Journal of Agricultural & Food Chemistry,2003,51(2):389-393.

[156] 贺玉琢.199 辣木叶中具有抗氧化作用的成分[J].国际中医中药杂志,2005,27(3):186-186.

[157] 张德权,台建祥,付勤.生物类黄酮的研究及应用概况[J].食品与发酵工业,1999,25(6):52-57.

[158] Singh R S G,Negi P S,Radha C.Phenolic composition,antioxidant and antimicrobial activities of free and bound phenolic extracts of *Moringa oleifera* seed flour[J].Journal of Functional Foods,2013,5(4):1883-1891.

［159］ Cheenpracha S, Park E J, Yoshida W Y, et al. Potential anti – inflammatory phenolic glycosides from the medicinal plant *Moringa oleifera* fruits ［J］. Bioorganic & Medicinal Chemistry,2010,18(17):6598.

［160］ Sreelatha S,Jeyachitra A,Padma P R.Antiproliferation and induction of apoptosis by *Moringa oleifera* leaf extract on human cancer cells［J］.Food & Chemical Toxicology,2011,49(6):1270.

［161］ Verma A R,Vijayakumar M,Mathela C S,et al.In vitro and in vivo antioxidant properties of different fractions of *Moringa oleifera* leaves［J］.Food & Chemical Toxicology,2009,47(9):2196.

［162］ Mansour H H,Ismael N E R,Hafez H F.Modulatory effect of *Moringa oleifera* against gamma – radiation – induced oxidative stress in rats［J］.Biomedicine & Aging Pathology,2014,4(3):265-272.

［163］ Kashiwada Y, Ahmed F A, Kurimoto S I, et al. New α – glucosides of caffeoyl quinic acid from the leaves of *Moringa oleifera* Lam［J］.Journal of Natural Medicines,2012,66(1):217-221.

［164］ Saluja M P,Kapil R S,Popli S P.Studies in medicinal plants part VI.Chemical constituents of *Moringa oleifera* Lam (hybrid variety) and isolation of 4-hydroymellein［J］.

［165］ Memon G M,Memon S A,Memon A R.Isolation and structure elucidation of moringyne – a new glycoside from seeds of *Moringa oleifera* Lam［J］.Pakistan Journal of Scientific & Industrial Research,1985.

［166］ Chen G F,Yang M L,Kuo P C,et al.Chemical constituents of *Moringa oleifera* and their cytotoxicity against doxorubicin – resistant human breast cancer cell lines (Mcf – 7/Adr)［J］.Chemistry of Natural Compounds, 2014, 50 (1):175-178.

［167］ Eilert U,Wolters B,Nahrstedt A.The antibiotic principle of seeds of *Moringa oleifera* and Moringa stenopetala［J］.Planta Medica,1981,42(1):55-61.

［168］ Maria K,Mohammed A.Phytochemical investigation of the stem bark of *Moringa oleifera* lam［J］.International Journal of Research in Ayurveda & Pharmacy,2011,2(5).

［169］Coppin J P,Xu Y,Chen H,et al.Determination of flavonoids by LC/MS and anti-inflammatory activity in *Moringa oleifera*［J］.Journal of Functional Foods,2013,5(4):1892-1899.

［170］Vongsak B,Sithisarn P,Gritsanapan W.Simultaneous HPLC quantitative analysis of active compounds in leaves of *Moringa oleifera* Lam［J］.Journal of Chromatographic Science,2014,52(7):641-645.

［171］杨振德,朱麟,赵博光,等.生物碱化学生态学与害虫管理［J］.江西农业大学学报,2005,27(4):630-634.

［172］唐中华,于景华,杨逢建,等.植物生物碱代谢生物学研究进展［J］.植物学报,2003,20(6):696-702.

［173］Jaleel C A,Manivannan P,Kishorekumar A,et al.Alterations in osmoregulation,antioxidant enzymes and indole alkaloid levels in Catharanthus roseus exposed to water deficit［J］.Colloids & Surfaces B Biointerfaces,2007,59(2):150.

［174］刘素彦.中药中生物碱类化合物的药代动力学研究进展［J］.河北医药,2006,28(2):124-125.

［175］马养民,傅建熙.生物碱的研究概况［J］.陕西林业科技,1997,(1):75-79.

［176］徐世义.药用植物学［M］.化学工业出版社,2004.

［177］陶永霞,刘洪海,王忠民,等.番茄生物碱粗提物抑菌作用的研究［J］.天然产物研究与开发,2006,18(3):438-440.

［178］沈以红,朱见,李竞.植物生物碱在医药领域的研究与应用［J］.蚕学通讯,2008,28(1).

［179］Dangi S Y,Jolly C I,Narayanan S.Antihypertensive activity of the total alkaloids from the Leaves of *Moringa oleifera*［J］.Pharmaceutical Biology,2002,40(2):144-148.

［180］焦霞,沈其昀.苦参生物碱的临床及药理研究进展［J］.中药新药与临床药理,2002,13(3):192-194.

［181］Guevara A P,Vargas C,Sakurai H,et al.An antitumor promoter from *Moringa oleifera* Lam［J］.Mutation Research/genetic Toxicology & Environmental Mutagenesis,1999,440(2):181.

［182］Ndiaye M,Dieye A M,Mariko F,et al.Contribution to the study of the anti-inflammatory activity of *Moringa oleifera* (moringaceae)[J].Dakar Médical,2002, 47(2):210-2.

[183] 刘凤霞,王苗苗,赵有为,等.辣木中功能性成分提取及产品开发的研究进展 [J].食品科学,2015,36(19):282-286.

[184] Förster N,Ulrichs C,Schreiner M,et al.Development of a reliable extraction and quantification method for glucosinolates in *Moringa oleifera*[J].Food Chemistry, 2015,166:456.

[185] Waterman C,Cheng D M,Rojassilva P,et al.Stable,water extractable isothiocya-nates from *Moringa oleifera* leaves attenuate inflammation in vitro[J].Phyto-chemistry,2014,103(10):114-122.

[186] Mcdonald P,Edwards R A,Greenhalgh J F D,et al.Animal nutrition[J].Animal Nutrition,1995.

[187] Elemo G.Studies on some antinutritive factors and in-vitro protein digestibility of thaumatococcus danielli (Benth) waste[J].Nigerian Journal of Biochemistry and Molecular Biology,2001,16(1):43-46.

[188] Almeida D T D,Furtunato D M D N,Andrade T J C,et al.Nutritional value,anti-nutritional factors,forms of consumption,processing and medicinal properties of pigeon pea (Cajanus cajan)[J].Higiene Alimentar,2010.

[189] Satterlee L D,Bembers M,Kendrick J G.functional properties of the great northern bean (Phaseolus vulgaris) Protein Isolate[J].Journal of Food Science, 2010,40(1):81-84.

[190] Soladoye M O,Chukwuma E C.Quantitative phytochemical profile of the leaves of Cissus populnea Guill.& Perr.(Vitaceae)[J].Archives of Applied Science Re-search,2012,(1):200-206.

[191] Feng D,Shen Y.Chavez E R.Effectiveness of different processing methods in re-ducing hydrogen cyanide content of flaxseed[J].Journal of the Science of Food & Agriculture,2003,83(8):836-841.

[192] Yoon J H,Thompson L U,Jenkins D J.The effect of phytic acid on in vitro rate of starch digestibility and blood glucose response[J].American Journal of Clinical Nutrition,1983,38(6):835-842.

[193] Thompson L U, Button C L, Jenkins D J. Phytic acid and calcium affect the in vitro rate of navy bean starch digestion and blood glucose response in humans [J]. American Journal of Clinical Nutrition, 1987, 46(3): 467-473.

[194] Sirtori C R. Studies on the mechanism of the hypocholesterolemic activity of the soybean protein diet[J]. Symposia of the Giovanni Lorenzini Foundation, 1982.

[195] Ayinde B A, Onwukaeme D N, Omogbai E K. Isolation and characterization of two phenolic compounds from the stem bark of Musanga cecropioides R. Brown (Moraceae)[J]. Acta Poloniae Pharmaceutica, 2007, 64(2): 183.

[196] Li-Weber M. New therapeutic aspects of flavones: the anticancer properties of Scutellaria and its main active constituents Wogonin, Baicalein and Baicalin[J]. Cancer Treatment Reviews, 2009, 35(1): 57-68.

[197] Anwar F, Bhanger M I. Analytical characterization of *Moringa* seed oil grown in temperate regions of Pakistan[J]. Journal of Agricultural and Food Chemistry, 2003, 51(22): 6558.

第三章 辣木功能与安全性评价

辣木是一种营养丰富、具有多种生理功能的植物资源，其根、茎、叶、花、种子、枝和树皮等均有重要的开发利用价值。辣木的不同组织，包括幼叶、花和绿豆荚，均具有较高的营养价值，多数已被用作传统草药，辅助治疗皮肤、呼吸道、耳朵和牙齿感染以及高血压、糖尿病、贫血和癌症等疾病。其药理性质包括降压、利尿、降 CHOL、抗痉挛、抗溃疡、肝脏保护、抗菌、抗真菌、抗肿瘤/抗癌、抗氧化和抗致敏活性[1]。辣木含有多种化学成分，主要有黄酮类、皂苷类、多糖类、挥发油等。其中辣木籽油中还含有植物甾醇物质，如 β-谷甾醇、菜油甾醇等，有降低 CHOL 的功效且无明显副作用。辣木籽中 β-谷甾醇-3-O-D-吡喃葡糖苷、GMC-ITC 和辣木叶片中的硫代氨基甲酸盐均对 EBV 有明显的抑制作用。辣木叶片中含有蔷薇苷和芹菜苷，可能与其抗氧化活性有关。其所含辣木碱、玉米素、辣木素和山奈酚等物质，具有抗肿瘤作用。

早期关于辣木的研究，多集中在其传统利用（食用和药用）、育种和栽培技术、饮水净化及作为植物蛋白饲料方面。近几年来，在人们日渐重视健康和预防各种"文明病"的大环境中，研究学者们对辣木中功能性物质的提取、分离及其对人体健康的作用机制方面则更为关注，更加注重辣木的营养价值和保健功能，将辣木作为加工食品的原料，提取其功能性成分，开发保健食品。高血压、高血脂、高血糖对人类健康构成巨大威胁，预防胜于治疗，辣木在此方面具有预防疾病发生及抑制病情恶化发展的作用。目前，市场上辣木产品的种类和数量较少，有待进一步开发利用，可根据辣木的药用特性，开发有助于稳定血压、降低血糖和血脂的功能性食品或药品。本章从辣木籽油、辣木果实粉末、辣木叶粗提物、辣木碱辅助降血压、降血糖、降血脂的保健功能方面进行综述，为辣木资源的研究利用提供参考。

第一节　降血脂

高脂血症已经成为人类健康的巨大威胁，其引发的相关心血管疾病的发病率逐年上升，已严重影响人类健康。多项研究表明，辣木果实、种子及叶片等能有效降低血浆 CHOL 含量，起到辅助降血脂的作用。

辣木叶具有诸多功效，对其中所含的药用成分提取及分析已成为人们研究的热点。辣木叶含有的黄酮和多酚类物质使其具有很好的抗氧化活性。此外，其含有的糖苷、谷甾醇则具有降血糖、降血脂、降血压等功效。辣木干叶粗蛋白质含量高达 30.3%，同时含有 19 种氨基酸及微量元素钙（3.65%）、磷（0.3%）、镁（0.5%）、钾（1.5%）、钠（0.164%）、硫（0.63%）、铜（8.25%）、锌（13.03mg/kg）、锰（86.8mg/kg）、铁（490mg/kg）和硒（363mg/kg）等，还含 17 种脂肪酸，其中含量最高的是 α-亚麻酸，占脂肪酸总量的 44.57%；维生素 E 含量为 77mg/100g，β-胡萝卜素含量为 18.5mg/100g，均处于较高水平[2]。其中，植物多酚因其具有的独特的化学结构及性质，可通过抑制 CHOL 的吸收、提高高密度脂蛋白胆固醇（HDL-C）含量、调节载脂蛋白和脂蛋白水平、加速 CHOL 的代谢及促进 CHOL 的排泄来调节 TC 的代谢，通过抑制胰脂肪酶的活性而降低对外源性甘油三酯（TG）的吸收，通过降低脂肪酸合成酶（FAS）的活性而减少脂肪酸的合成，通过调节胆固醇调节元件结合蛋白（SREBP）和过氧化物酶体增殖剂激活受体（PPAR-α）控制 CHOL 的合成和流出。Farooq 等[3]研究发现，黑巧克力多酚和其他多酚对降血糖可起到关键作用，而辣木叶富含多酚类物质，包括槲皮素糖苷、芦丁、山奈酚等，因此，通过开发相应的技术可以将辣木潜在的抗糖尿病活性商业化。辣木叶中的抗营养成分包括皂苷和酚类物质，其中酚类物质的浓度远远低于动物中毒的极限水平，且皂苷为惰性，对人体健康影响不大，烹调加工时，抗营养成分几乎被破坏掉，因此可完全放心食用。在对辣木叶进行开发与利用时应考虑到保护辣木叶营养成分的问题，控制其抗营养成分，从而最大限度地发挥辣木叶的功效[4]。Atsukwei 等[5]以 Wistar 大鼠为研究对象，对辣木叶乙醇提取物降低血脂的功效进行了研究。研究结果显示，高剂量（600mg/kg BW）和低剂量（300mg/kg BW）辣木叶乙醇提取物均可显著降低血清 TC 水平；高剂量可显著提高血清 HDL-C 水平，同时显著降低血清低密度脂蛋白胆固醇（LDL-C）水平。高低剂量均可显著降低血清甘油三酯水平。其作用机制主要包括两个方面：第一是辣木叶提取物中的辣木碱可以通过调节脂肪降解酶的作用有效促进体脂降解；第二是辣木叶提取物中的植物化学成分，如 β-谷甾醇具有与 CHOL 相似的化学结构，因此可以通过竞争性抑制机制降低小肠对 CHOL 的吸收，从而阻止 CHOL 进入体内，达到降低血浆 CHOL 的功效。辣木叶水提取物可以通过改善胰岛素抵抗作用对 1 型糖尿病大鼠发挥降血糖作用[6]。另外，辣木叶中的抗氧化组分也可以抑制自由基引起的氧化 LDL，防止由于氧化 LDL 被巨噬细胞和内皮细胞吞噬从而加速降低动脉粥样硬化的形成。Chumark 等[7]研究了辣木叶提取物的抗氧化、降血脂和抗动脉粥样硬化作用。体外实验探究辣木叶提取物对 DPPH 的清除活性，以及对 Cu^{2+} 诱导的 LDL 的抑制作用。体内实验通过采用高 CHOL 饮食喂养兔子，探究辣木叶提取物对其 CHOL 水平、共轭二烯酸和硫代巴比妥酸反应物质以及空斑形成的影响。高 CHOL 饮食喂养兔子 12 周后，其血脂 TC 水平可达到 1606.50mg/dL，而辣木叶提取物治疗 4、8、12 周可使血脂 CHOL 水平分别降低 37.10%、48.43%、52.00%。此外，辣木叶提取物能够显著降低血脂中甘油三酯的含量。

动物实验和人体实验结果均显示辣木叶的醇溶液提取物具有良好的降血压活性，而辣木叶水提取物也表现出明显的降血糖和降血脂作用。Rajanandh 等[8]对辣木叶水醇提取物的成分进行分析，并通过动物实验来评价其降血脂、抗氧化、抗凝血、抗炎及抗血小板凝集的功效。辣木叶水醇提取物中含有生物碱、糖类、苷、皂苷、蛋白质、植物甾醇、鞣质、酚类化合物和黄酮类化合物。通过喂食高脂饮食诱导大鼠高脂血症，高脂饮食由 2g CHOL、8g 饱和脂肪油、100mg 钙粉和 90g 标准商业颗粒饲料均匀混合而成。高血脂大鼠口服辣木叶提取物 28d，100mg/kg BW、200mg/kg BW 的辣木叶水醇提取物均能使体重、TC、甘油三酯、LDL、极低密度脂蛋白（VLDL）显著降低，显著增加高密度脂蛋白（HDL）含量，并能降低动脉粥样硬化指数。在高脂模型的家兔实验中，辣木给药组能够延缓血浆复钙时间，延缓二磷酸腺苷（ADP）诱导的血小板凝集。初步探究认为，辣木醇提物的抗炎机制为抑制促炎症因子，如 TNF-α 与 IL-1α。这一实验结果揭示了辣木醇提物在血管内膜损伤及动脉粥样硬化导致的各种心血管并发症中具有极大的治疗潜力。Okwari 等[9]通过动物实验，印证了辣木叶水提物的抗 CHOL

过高及保护肝脏的功能。每天饲喂 600mg/kg 辣木叶水提物的小鼠血浆 HDL-C 显著升高，LDL-C 显著降低。HDL 分子所携的 CHOL 是逆向转运的内源性胆固醇酯，将其运入肝脏，再清除出血液。HDL 从细胞膜上摄取 CHOL，经卵磷脂胆固醇酰基转移酶催化而成胆固醇酯，然后再将携带的胆固醇酯转移到 VLDL 和 LDL 上，是抗动脉粥状硬化及冠心病的有利 CHOL。而 LDL 的主要功能是将胆固醇转运到肝外组织细胞，满足它们对胆固醇的需要，是血浆脂蛋白中首要的致动脉粥样硬化性脂蛋白。因此，辣木叶水溶液提取物可有效降低血浆中的 CHOL 含量，对预防动脉粥状硬化及冠心病具有积极功效。

印度传统医学认为，辣木叶有护肝、消炎、利尿、降压、止痛、强心等功效，常用于预防和辅助治疗糖尿病、高血压、皮肤病、免疫力低下、贫血、佝偻、关节炎、消化器官肿瘤等疾病。Parikh 等[10] 系统总结了在印度常用于辅助治疗糖尿病和高脂血症的植物，并详细介绍了 23 种辅助治疗糖尿病的植物和 9 种辅助治疗高脂血症的植物。其中，辣木作为一种新型的保健食品具有极大的开发潜力，除了具有丰富的营养价值，在抗氧化、降血糖、降血脂、抗真菌方面亦表现出良好活性。目前，多项动物实验已证实辣木在降血糖方面的应用潜力。通过给由链脲霉素诱导的患不同程度糖尿病的小鼠口服 100mg/kg、200mg/kg 和 300mg/kg 辣木叶水提取物发现，辣木叶水提取物通过增加葡萄糖的组织利用、抑制肝脏糖异生或吸收葡萄糖进入肌肉和脂肪组织影响小鼠的血糖水平。此外，研究人员回顾已有辣木叶帮助缓解糖尿病和心血管疾病（CVD）的症状的数据，尽管样本数有限，然而对于样本内辣木叶提取物降血糖、血脂的作用都是一致认同的[11]。Ghasi 等[12] 对辣木能降低 CHOL 的科学性进行了探究。对于高脂膳食喂养 30d 的大鼠，其血清、肝脏和肾脏中的 TC 水平明显上升，分别增加 28%、38% 和 24%。当高脂膳食喂养的大鼠同时服用辣木叶水提取物时，血清、肝脏、肾脏的 CHOL 水平分别降低 14.35%、6.40% 和 11.09%。杨倩等[13] 选用 SD 雄性大鼠为研究对象，通过喂养高脂膳食建立预防性肥胖高血脂模型，用辣木提取物进行辅助降脂试验，依据保健食品功能学评价规程进行。大鼠被随机分为正常对照组、高脂模型对照组、辣木提取物高剂量组、辣木提取物中剂量组、辣木提取物低剂量组，实验后检测各组大鼠体重、血液生化指标（TC、TG、LDL、HDL）、脂肪质量和脂/体比、Lee's 指数。结果表明，灌胃辣木提取物 40d 后，各实验组大鼠血脂水平明显低于高脂模型对照组，其中高剂量组的血清 TC、甘油三酯水平与高脂模型对照组相比分别有显著性差异（$p<0.05$）和极显著性差异（$p<0.01$）。辣木提取物各剂量组大鼠的肾周脂肪质量和附睾脂肪质量、脂/体比、Lee's指数极显著低于高脂模型对照组（$p<0.01$），因此表明本提取物具有良好的辅助降血脂作用。

Jain等[14]以高脂血症大鼠为模型，通过体内实验探究辣木叶甲醇提取物的降血脂功效。高脂饮食会使得大鼠血清中CHOL、TG、LDL-C水平升高，高密度脂蛋白胆固醇（HDL-C）水平降低。前期研究表明，低密度脂蛋白胆固醇是引发冠心病的主要危险因素，而HDL-C则有保护心脏作用。让高脂饮食喂养的大鼠同时摄入辣木叶甲醇提取物（150、300、600mg/kg），能够降低血清CHOL、TG、LDL、VLDL水平，同时提高HDL-C，与辛伐他汀这一降血脂药物可达到相同的作用效果。其作用机制可能是通过抑制内源性CHOL的重吸收，同时以中性类固醇的形式将CHOL排泄到粪便中。Ara等[15]比较了辣木和阿替洛尔对肾上腺素诱导的大鼠血清CHOL水平、血清甘油三酯水平、血糖水平、心脏质量和体重的影响。发现辣木叶提取物同阿替洛尔一致可显著降低血清甘油三酯水平和CHOL水平。

除了辣木叶，辣木果实也具有良好的降血脂作用。辣木油富含不饱和脂肪酸亚油酸和亚麻酸等，与其他亚油酸如大豆油和葵花籽油等按一定的比例混合可改进营养成分，增强稳定性，可用于烹饪与深度油炸。辣木油能吸收紫外线，紫外测定最大吸收波长为212nm，因此具有抗紫外线能力。传统的辣木籽油提取主要是螺旋挤压和利用有机溶剂等方法，然而前者出油率低，后者虽然可保证较高的出油率但存在有机溶剂残留的问题。近年来，以超临界CO_2萃取为代表的新型提取技术正在引起人们的广泛关注。CO_2萃取可有效地用于辣木籽油的提取，35MPa、30℃条件下提取率可高达到75.27%[16]。提取压力、温度、时间均对辣木油的提取率有显著影响，其中温度影响最大，而在一定温度条件下，辣木籽油在超临界CO_2中的溶解度随压力的增加和提取时间的延长而增大。另外，为进一步提高提取率，应用乙醇对辣木籽进行预处理，再进行超临界CO_2提取，出油率可提高10%。

目前，很多流行病学研究以及实验均发现，膳食脂类的摄入与心血管疾病的发病密切相关，饱和脂肪酸以及反式脂肪酸是心血管疾病的危险因素，而不饱和脂肪酸的摄入对心血管有积极的保护作用。辣木油中含有较高的单不饱和脂肪酸，主要为油酸，其含量高达70.5%。油酸对心血管具有很好的保护作用，其机制主要是通过提高 LDL-C 颗粒中油酸的含量，阻碍肝脏对甘油三酯的分泌，降低 LDL 中 CHOL 含量及降低 LDL 的氧化敏感性。血浆 LDL 浓度水平以及 LDL 颗粒氧化敏感性的下降，能有效预防氧化的 LDL 颗粒对内皮细胞的损伤，保护血管内皮，防止血栓形成，降低心血管疾病风险[17]。Mehta 等[18]对正常兔子和 120d 高脂饮食的兔子用辣木果实进行干预，发现辣木果实可显著降低血清 CHOL、磷脂（PL）、TG、VLDL、LDL、CHOL/PL 比值及动脉硬化指数，并显著增加 HDL-C/TC 比值。Abdullah 等[19]研究了不同类型的食用油对 Wistar 大鼠血浆 CHOL 含量的影响。通过在生长期雄性大鼠的饲料中添加 7%的不同种类的食用油，发现添加玉米胚芽油、辣木籽油和海蓬子油的小鼠血浆 CHOL 含量明显降低，分别降低 85.77mg/dL、67.00mg/dL 和 83.39mg/dL，而饲喂黄油的小鼠血浆 CHOL 含量高达 120.33mg/dL。其中，饲喂辣木籽油的小鼠 HDL-C 含量在各实验组中最低。由此表明，辣木籽油对降低血浆 CHOL 具有良好的功效。Hammam[20]等以小鼠为研究对象，连续饲喂辣木籽油及辣木籽乙醇提取物，30d 后分别对各实验组进行血浆血脂含量分析，发现饲喂辣木籽乙醇提取物的小鼠血浆中 TC、TG 及 LDL-D 含量均明显降低，由此表明辣木籽乙醇提取物具有良好的降血脂功效。Aja 等[21]的研究印证了这一结果，通过饲喂含辣木和木豆乙醇提取物的饲料，发现小鼠体质量和 HDL 含量明显升高，LDL 含量明显降低。Tahiliani 等[22]在研究辣木叶提取物调节甲状腺功能亢进作用时，发现辣木叶提取物能降低动物 25%的 CHOL。辣木醇提物不仅对高脂模型大鼠的体重、TC、TG、LDL 与 VLDL 具有极显著的降低作用（$p < 0.001$），同时能提高 HDL 水平，显著降低动脉粥样硬化指数。辣木提取物的降血脂作用是通过抑制 3-羟基-甲基戊二酸单酰辅酶 A 还原酶（HMG-CoA 还原酶），从而减少 CHOL 的生物合成来实现的。

除此之外，辣木根叶具有一定的降血脂效果。Mazumder 等[23]在辣木根提取物中分离出了生物碱，通过给小鼠不同剂量的辣木根提取物，发现中等剂量的辣木根提取物即可有效降低小鼠血浆 CHOL 含量。

心脑血管疾病是一种严重威胁人类健康的疾病，特别是 50 岁以上中老年人的常见病，具有高患病率、高致残率和高死亡率的特点，即使应用目前最先进、最完善的治疗手段，仍有 50%以上发生脑血管意外幸存者生活不能完全自理。全世界每年死于心脑血管疾病的人数高达 1500 万人，居各种死亡疾病的首位。心脑血管疾病最基本的病理是动脉粥样硬化，人类血清脂蛋白与心脑血管病密切相关，其中 HDL 抗动脉粥样硬化，LDL 致动脉粥样硬化，动脉粥样硬化指数是动脉粥样硬化发生的一种生化指标的量的表示。在心脑血管病的血脂调查中发现，有些中老年心脑血管病患者的 TC 水平接近正常甚至于正常，但是患者的分类 CHOL 水平均明显偏高，几乎无一例外地都为高甘油三酯血症。大量实验数据表明，辣木对降低 TC、TG、LDL 与 VLDL 具有显著作用，同时可提高 HDL 水平，因此，辣木对于预防和辅助治疗心脑血管疾病有重要作用，其中辣木叶对心血管的保护作用是当今研究的热点之一。

第二节　降血糖

糖尿病是一类由于胰岛素分泌绝对或相对不足、糖代谢紊乱引起的以高血糖为主要特征的内分泌代谢性疾病。近年来，由于经济的高速发展和工业化进程的加速，人们的生活方式发生了改变，再加上老龄化进程加速，使糖尿病患病率快速上升。虽然化学药品控制血糖效果显著，但对肝脏、肾脏、心脑血管等副作用较大，天然产物降血糖的研究已越来越热门。目前，有关植物药物治疗糖尿病的研究越来越多，并取得了一定成果。辣木在降血糖相关的研究中被发现具有一定的降血糖效果。辣木的叶片、树皮和豆荚都具有一定的降血糖作用。动物模型中进行的各种体内实验表明，辣木叶、花、果实提取物具有高度的安全性，对人体没有任何不良影响。1 型糖尿病起病比较急，体内胰岛素绝对不足，必须用胰岛素治疗才能获得满意疗效；2 型糖尿病胰岛素合成紊乱，β 细胞功能障碍无法对血糖浓度变化做出反应，因此会降低胰岛素合成信号，导致血糖浓度升高。辣木对两种类型的糖尿病均有良好的辅助治疗效果。

研究发现辣木树皮提取物对地塞米松诱导的大鼠急慢性胰岛素抵抗有很好的作用。大鼠地塞米松造模 11d 后分别给予辣木树皮醇提取物和石油醚提取物。醇提物在慢性胰岛素抵抗模型和急性胰岛素抵抗模型中都能够降低甘油三酯水平，阻止口服葡萄糖耐受不良，并对空腹血糖水平无作用；石油醚组在这两种模型中，除高剂量组（60mg/kg）能够降低慢性胰岛素抵抗模型中甘油三酯水平外，其他均无作用，这表明辣木树皮的乙醇提取物对地塞米松诱导的胰岛素抵抗具有一定的改善作用。

对链脲佐菌素（STZ）诱导的糖尿病大鼠与未经治疗的糖尿病患者，辣木叶水提取物被发现能够控制空腹血糖水平（FPG）、餐后血糖水平（PPG）、糖化血红蛋白（HbA1c）、血压和增加葡萄糖耐受性。对喂食高脂饮食的大鼠，辣木叶水/甲醇提取物也有降低血清 TC、TG、VLDL、LDL 水平和动脉粥样硬化指数，提高 HDL 的调脂作用，同时大鼠粪便中 CHOL 的量也显著增加[24]。Gupta 等[25]以 STZ 诱导的糖尿病大鼠为模型，探究了辣木果荚果肉的甲醇提取物对患有糖尿病的小鼠的治疗作用。人们从辣木果荚果肉的甲醇提取物中分离出两种植物成分，即槲皮素和山奈酚，并使用核磁共振和红外光谱测定其结构。150mg/kg 和 300mg/kg 甲醇提取物处理糖尿病大鼠 21d 后，2 个剂量都可降低血清中的葡萄糖和一氧化氮含量，增加血清胰岛素和蛋白质水平；可增加胰腺组织抗氧化水平，降低硫代巴比妥酸反应物质的含量，具有明显的降血糖和抗氧化活性。未经处理的糖尿病大鼠血糖水平显著升高（$p < 0.001$）。Divi 等[6]通过构建 1 型糖尿病大鼠模型，评价了辣木叶水提取物对其体重、血糖、胰岛素、血脂的作用效果，并构建胰岛素抵抗（IR）模型进行口服葡萄糖耐量试验。高果糖饮食诱导胰岛素抵抗，腹腔注射 STZ（55mg/kg BW）诱导 1 型糖尿病。该提取物口服剂量为 200mg/kg BW，连续口服 60d。高果糖饮食诱导胰岛素抵抗大鼠表现为体重增加、高胰岛素血症、高血糖。STZ 诱导的 1 型糖尿病大鼠表现为高血糖、低胰岛素血症。1 型糖尿病大鼠的高血糖症状更为严重。辣木叶水提取物表现出明显的降血糖和降血脂作用。Yassa 等[26]通过组织形态计量学、超微结构和生化的方法评估了辣木叶水提取物的对糖尿病大白鼠的治疗作用。用 STZ 注射大白鼠八周后，大鼠 FRG 水平明显上升，而注射 STZ 同时服用辣木叶提取物，大鼠 FRG 水平则明显降低，血糖下降（380% ~ 145%），GSH 增加（22% ~ 73%），MDA 含量降低（385% ~ 186%），胰岛细胞的病理损伤明显逆转，改良 Gomori 染色阳性区域胰岛 B 细胞增加（60% ~ 91%）和胶原纤维面积减少（199% ~ 120%）。在此研究中，辣木叶水提取物的剂量为 200mg/kg，前期研究表明此剂量对于治疗高血糖是最佳的。以上的研究证明，辣木叶提取物有降血糖、抗氧化、修复胰岛细胞等效果，具有抗糖尿病作用。此外，采用乙醇回流大孔吸附树脂纯化所提取的辣木叶总黄酮对四氧嘧啶糖尿病小鼠有降血糖作用，能显著降低模型组的血糖，提高血清超氧化物歧化酶（SOD）活力，降低血清丙二醛含量，但对正常组的血糖水平无影响。

对链脲霉素诱导的患有不同严重程度糖尿病的小鼠，口服 100mg/kg、200mg/kg 和 300mg/kg 辣木叶水提取物。辣木叶水提取物通过增加葡萄糖的组织利用、抑制肝脏糖异生或吸收葡萄糖进入肌肉和脂肪组织来直接影响小鼠的血糖水平。Jaiswal 等[27]采用 STZ 诱导的临界性糖尿病大鼠为模型，探究了辣木叶水提取物对血糖控制、血红蛋白（HB）、总蛋白、尿糖、尿蛋白和体重的影响。研究将诱导致病的大鼠分为轻度、中度和重度三组，并按 100mg/kg、200mg/kg 和 300mg/kg 剂量将辣木水提物添加到大鼠饲料中，通过葡萄糖耐受实验发现，以 200mg/kg 的辣木叶水提取物添加饲料的治疗组具有最佳的治疗效果。在空腹血糖和口服葡萄糖耐量实验中，饲喂辣木叶水提物能够降低正常大鼠的空腹血糖水平，与未饲喂辣木叶水提物大鼠相比，200mg/kg 的辣木叶水提取物可使正常小鼠的血糖水平分别降低 26.7% 和 29.9%。在口服葡萄糖耐量实验中，对患有轻度、中度糖尿病的小鼠，200mg/kg 的辣木叶水提取物使其血糖水平最大下降 31.1% 和 32.8%。对糖尿病较为严重的小鼠，辣木叶水提取物治疗 21d 后，FPG 和 PPG 水平分别下降了 69.2% 和 51.2%，而总蛋白质、体重和 HB 分别增加了 11.3%、10.5% 和 10.9%。尿糖和尿蛋白水平分别从+4 和+2 显著下降到零和微量。对照组、轻度、中度、重度组小鼠饲喂相同剂量辣木叶水提物 3h 后餐后血糖水平均降低 30%。这表明辣木叶水提液对链脲佐菌素诱导的糖尿病有明显抑制作用。Makonnen 等[28]以禁食 16h 的兔子为模型，通过体内实验研究辣木叶水提取物的降血压作用。对禁食 16h 的兔子每隔 1.5h 口服辣木叶提取物，持续进行 6h。最初兔子血糖水平上升，可能是辣木叶提取物中的碳水化合物造成血糖增加。从 6h 开始，血糖水平下降，且辣木叶提取物的剂量从 10g/kg 增加到 15g/kg 时，其降血压效果更佳。

辣木叶提取物能够稳定血压，主要是腈、芥子油苷和硫代氨基甲酸酯苷这些化学成分起到降血压的作用。辣木叶粗提物对高脂饲料喂养大鼠具有显著的降 CHOL 作用，可能归因于辣木叶中的这些生物活性成分，如 β-谷甾醇。Aney 等[29]对辣木的多种药理学活性进行了阐述，其中包括辣木的糖尿病辅助治疗作用，有助于降血压、降 CHOL 作用。Tende 等[30]探究了辣木叶乙醇提取物对正常大鼠和 STZ 诱导的糖尿病大鼠的降血糖作用。250、500mg/kg 的辣木叶乙醇提取物在摄入 1~7h 后，正常大鼠的血糖水平没有明显的改变，而对链脲佐菌素诱导的糖尿病大鼠有显著（$p<0.05$）的降血糖作用。Ghiridhari 等[31]发现用辣木叶处

理的实验组大鼠同对照组相比，空腹血糖含量从 380%降低到 145%，还原性谷胱甘肽从 22%增加到 73%，丙二醛的含量从 385%减少到 186%；胰腺中谷胱甘肽和脂质氧化反应产物（丙二醛）的减少也证实了辣木叶具有抗糖尿病功效；同时，胰岛细胞的组织病理损伤也得到了明显的修复；Gomori 染色阳性细胞的面积也由 60%增加到 91%，胶原纤维的面积比例由 199%减少到 120%。Ndong 等[32]采用体重正常的 2 型糖尿病（GK）大鼠作为动物模型，对大鼠进行葡萄糖耐量试验，口服饲喂葡萄糖剂量以 2g/kg 计，辣木叶粉剂量按 200mg/kg 计，检测小鼠饲喂前和饲喂后 2h 血糖变化，结果发现未饲喂辣木叶粉的 GK 大鼠的 FPG 水平和 PPG 水平均高于对照组大鼠，经饲喂辣木叶粉的 GK 大鼠和对照组大鼠较未饲喂大鼠均表现出较低的升糖反应，但 GK 大鼠升糖反应降低显著而对照组并不显著，这表明饲喂辣木叶粉能够提高糖尿病小鼠的葡萄糖耐受性。

虽然辣木在单独使用时的降血压疗效较传统药物相对有限，但研究表明，当辣木与其他治疗抗高血糖药物配合使用时，具有极好的疗效。Mandapaka 等[33]在中草药中添加辣木叶提取物用于 2 型糖尿病的治疗。发现辣木叶提取物可使血糖和 LDL 分别降低 8.9%和 30.94%。从这项研究中可以得出结论，患有 2 型糖尿病的肥胖者可以在常规饮食中摄取辣木叶粉，以自然的方式降低血糖和 CHOL。辣木叶粉不仅适用于糖尿病患者，也适用于一般公众，可以防止这种慢性病的流行。这是最方便、简单、可接受、经济的措施。Adisakwattana 等[34]探究了辣木叶提取物抑制 α-葡萄糖苷酶和胰 α-淀粉酶相关糖尿病的机制，此外，该研究还确定了辣木叶提取物体外结合胆汁酸的能力以及抑制 CHOL 胶束、胰脂肪酶和胆固醇酯酶活性。研究结果表明，辣木叶提取物可显著抑制小肠蔗糖酶活性，抑制 α-葡萄糖苷酶和胰 α-淀粉酶活性，延缓碳水化合物到可吸收单糖的消化过程，降低餐后高血糖。餐后高血糖的减少有助于糖尿病患者糖化血红蛋白（HbA1c）的降低，从而减少慢性血管并发症的出现。Sholapur 等[35]对辣木树皮提取物对于小鼠诱导型急慢性胰岛素抵抗的作用进行了研究，研究者通过利用地塞米松建造小鼠胰岛素抵抗模型。在持续给药 11d 后，分别对小鼠空腹血糖、口服血糖耐受及甘油三酯水平进行检测。在慢性胰岛素抵抗模型中，乙醇提取组实验能够显著降低小鼠体内甘油三酯水平，对口服葡萄糖耐受不良，但对空腹血糖水平无明显作用。石油醚组对于以上指标均无作用，但是能够降低甘油三酯水平。正常大鼠给药后，乙醇提取物能够提高葡萄糖耐受水平，而石油醚组无作用。因此，该研究结果证实辣木树皮的乙醇提取物对于地塞米松诱导的胰岛素抵抗具有一定的抑制作用。

辣木抗糖尿病动物实验研究的模型包括四种化学药物诱导的动物模型，其中以链脲佐菌素和四氧嘧啶诱导的患鼠为主，这种化学诱导建立的实验动物模型方法具有发病率高、造模时间短、病情程度较统一的优点，通常是模拟临床1型糖尿病的动物模型，其发病机制与病理生理改变与人类2型糖尿病差别较大。Kumari 等[36]探讨临床上辣木叶提取物对2型糖尿病患者血糖的影响。55位糖尿病（36名男性和19名女性）患者，年龄在30~60岁，在患者食谱中增加8g/餐的辣木叶粉，持续40d。通过对糖尿病患者初始和摄入辣木叶提取物后的空腹血糖和餐后血糖水平进行统计分析后发现，与未食用辣木叶粉的9位2型糖尿病对照患者相比，随饮食摄入辣木叶提取物可降低血糖，改善糖耐量，减轻糖尿病患者的症状。同时，辣木叶提取物通过增加胆汁酸和中性类固醇的排泄来降低CHOL。与其他研究一致，这项研究发现辣木叶提取物能够降低血清 CHOL、TG、VLDL、LDL 水平和动脉硬化指数，增加 HDL 水平。Stohs 等[37]通过介绍一系列动物实验、体外实验及人体实验，论述了辣木类提取物的药用安全性及功效。Busari 等[38]通过将辣木籽油与降血糖药物格列本脲配合使用，发现其可显著降低小鼠的血糖水平。通过进一步分析，发现该降血糖机制可能是由于激活体内组织、增加血糖消耗及增加胰岛 B 细胞胰岛素分泌来实现的。Al-Malki 等[39]以患糖尿病小鼠为模型，通过在小鼠食物中添加不同剂量辣木籽粉末，发现其可有效降低小鼠空腹血糖。采用乙醇回流大孔吸附树脂纯化所提取的辣木叶总黄酮，对四氧嘧啶糖尿病小鼠有降血糖作用，能显著降低模型组的血糖，提高血清 SOD 活力，降低血清丙二醛含量，但对正常组的血糖水平无影响。

植物中具有降血糖作用的成分归纳起来有生物碱、黄酮类、多糖类、萜类及皂甙、多肽、氨基酸类及不饱和脂肪酸类等。近年来，具有抗氧化和清除自由基作用的黄酮类受到医药界广泛的重视。传统方法主要通过一系列操作，如挤压、煎煮、浸泡、渗流和索氏提取等提取辣木中的多酚及黄酮类物质，70%的乙醇溶液浸泡提取可获得最大的提取率，同时提取液的抗氧化活性也最高。然而通常情况下，由于溶剂萃取法中使用的有机溶剂易引起环境及食品污染，科学家们对新型的绿色提取技术也进行了探索性研究。陈瑞娇等[40]等采用乙醇回流法从辣木叶中提取黄酮类化合物，经 AB-8 型大孔吸附树脂柱纯化获得辣木叶总黄酮

（TFM），辣木叶总黄酮得率达 3.95%。具体工艺为：70%乙醇溶液作提取剂，石油醚脱脂，提取温度 60℃，料液比为 1∶20，提取次数为 3 次（每次为 1h）。该课题组进一步以四氧嘧啶糖尿病小鼠为动物模型，以中成药消渴丸为对照，进行 TFM 的降血糖动物试验研究。实验研究表明，TFM 能显著降低四氧嘧啶所致糖尿病小鼠的血糖，明显提高 SOD 活力，减少 MDA 的产生，但 TFM 对正常小鼠血糖水平无明显影响。研究结果提示 TFM 的作用机理可能是通过抗氧化作用，减轻四氧嘧啶对胰岛 B 细胞损伤，或促进已损伤的 β 细胞的修复，增强胰岛的分泌功能，从而减轻高血糖反应。TFM 降血糖的具体作用机制尚有待进一步实验研究。

目前，大多数研究多以动物为模型，在糖尿病患者体内进行的实验报道还相对较少。William 等[37] 在 6 例 2 型糖尿病病例的标准餐中添加 50g 辣木叶片烘干粉末，发现其可一次性降低血糖含量 21%。在 Kumari 等[36] 的研究中，46 例 2 型糖尿病患者每日服用含 8g 辣木叶片烘干粉末的药片，连续服用 40d 后发现实验组空腹血糖及饱腹血糖分别降低 28%、26%。该研究结果说明，辣木叶可用于辅助治疗高血压与心血管系统疾病。Mandapaka 等[33] 在中草药中添加辣木叶提取物可用于 2 型糖尿病的治疗。发现辣木叶提取物可使血糖和 LDL 分别降低 8.9% 和 30.94%。从这项研究中可以得出结论，患有 2 型糖尿病的肥胖者可以在常规饮食中摄取辣木叶粉，以自然的方式降低血糖和 CHOL。辣木叶粉不仅适用于糖尿病患者，也适用于公众，可以防止这种慢性病的流行。这是方便、简单、可接受的、较为经济的措施。

除了常见的辣木叶，辣木籽油也具有一定的降血糖功效。辣木籽油作为营养食品、药物、化妆品、润滑剂等的功能性原料，已被人们广泛利用，且有较长的历史。Barakat 等[41] 研究了辣木籽主要化学成分的理化特性。经成分分析，辣木籽中蛋白质含量为 34.51%~36.5%，脂肪含量为 28.62%~30.06%，灰分含量为 4.22%~5.06%，纤维含量为 10.92%~12.16%，碳水化合物含量为 19.00%~20.29%。Busari 等[42] 分别按照体重每天在诱导患糖尿病的小鼠饲料中添加 2.0mL 的辣木籽油、500μg 格列本脲（临床上一种常用降糖药物）以及 2.0mL 二氯甲烷。21d 后，与对照组相比，实验组血糖浓度有显著下降，分别降低了 78.00%、51.16% 及 77.31%。同时，实验组中血浆 CHOL、甘油三酸酯和 LDL-C 均明显降低。因此，该研究表明，2mL/kg 的辣木籽油可显著改善患糖尿病小鼠的糖降解生理功能，具有很好的抗糖尿病功效。

此外，糖尿病患者往往也会伴随出现视网膜病、动脉硬化、肾病，辣木可以被用来预防这些伴随病。研究发现，由于辣木具有抗氧化特性，其可作为一种抗动脉硬化剂[43]。辣木叶提取物能显著降低心肌标志物如肌钙蛋白 T、肌酸激酶-MB、乳酸脱氢酶、谷氨酸丙酮酸转氨酶等的水平，改善心脏病大鼠的心脏组织学异常，减少心肌坏死[4]。

总体来讲，辣木抗糖尿病实验研究多集中于动物模拟实验研究方面，而辣木抗糖尿病方面的临床应用研究较为匮乏，且动物实验与人体临床试验的研究内容均主要停留在辣木降血糖效果方面，而涉及起效物质基础、作用机制、药代动力学等机制方面的研究匮乏。其次，动物实验研究中采用化学诱导法建立的动物模型与人类多因素诱导的糖尿病有相当程度的差距，在用该种模型进行抗糖尿病药物筛选时就会具有一定的局限性，未来应加强有关糖尿病小鼠建模方面的探讨。动物研究模型主要以链脲佐菌素和四氧嘧啶诱导的糖尿病大鼠模型为主，研究用药多以口饲辣木叶水提物为主，且给药剂量多为 200mg/kg；人体临床研究对象全部为 2 型糖尿病患者，用药方式主要为口服辣木叶粉，给药量差别较大。无论是动物模型试验还是人体临床研究，均证明辣木（尤其是辣木叶）在抗糖尿病（降低血糖）方面有一定功效，但受诱导方式、药物提取部位、给药剂量、给药时间等综合因素影响，给药效果存在较大差异[44]。

第三节　降血压

高血压是指在静息状态下动脉收缩压和/或舒张压增高（≥140/90mmHg）。高血压病病因尚未明确，是以体循环动脉血压高于正常范围为主要临床表现的一种独立疾病，对人类健康产生重大威胁。辣木叶含有降血压的 2-氰苷、3-芥子糖苷、硫代氨基甲酸酯、氨基甲酸酯等成分，糖苷类物质是降血压的物质基础，因此辣木叶具有良好的辅助降血压功效。糖苷类化合物是单糖半缩醛羟基与另一个非糖分子的羟基、胺基或硫基缩合形成的含糖衍生物，是辣木中存在的另一种重要的功能性成分。芥子油苷（硫代葡萄糖苷）是一类葡萄糖衍生物的总称，广泛存在于十字花科等植物中。据报道，辣木中的芥子油苷存在于辣木叶的甲醇或水提取液中。Förster 等[201]用甲醇提取辣木叶中芥子油苷，用醋酸铵为缓冲液进行 HPLC 法测定，建立了一种辣木芥子油苷的提取及定量新方法，有效地避免了天然芥子油苷的转化和降解。芥子油苷本身是一种稳定的化合物，但在硫苷酸酶的催化作用或加压热处理条件下会发生降解并生成多种降解产物，如异硫氰酸盐类物质。Abrogoua 等[45]用辣木水提取物作为兔子的食物补充供给，发现向食物中添加 $5×10^8$ mg/kg 和 $5×10^2$ mg/kg 辣木叶提取物，兔子的血压相比于正常值分别降低了（7.14±4）%和（100±7.5）%，证明辣木叶提取物对降低血压具有一定功效。

对辣木中具体何种成分起降血压作用，目前尚不明确。Faizi 等[46]采用生物定向隔离测定法从辣木叶的乙醇提取物中分离出 9 种糖苷，大多数都是乙酰糖苷，包括硫代氨基甲酸酯、氨基甲酸酯或腈基物，这些物质在自然界很少见。其中，硫代氨基甲酸酯和氨基甲酸酯都表现出明显的降血压活性。对辣木果荚果肉中的降血压成分进行分析，发现其成分包括硫代氨基甲酸酯和异硫氰酸酯苷，同时，研究人员分离出单反油酸甘油酯 $O-[2'-hydroxy-3'-(2''-heptenyloxy)]-propyl\ undecanoate$ 和苯甲氧羰酰基三聚乙二醇羧甲基 $O-ethyl-4-[(\alpha-L-rhamnosyloxy)-benzyl]carbamate$ 两种新的化合物，以及对羟基苯甲酸甲酯、β-谷甾醇。后两种化合物和对羟基苯甲醛均具有较好的降血压活性。对血压正常的 Wistar 大鼠进行麻醉，探究果荚果肉中的成分对血压的影响，发现乙酸乙酯提取物的剂量为 30mg/kg 时具有一定降血压效果；对石油醚可溶的部分，当 β-谷甾醇的量为 3mg/kg 时，能使血压降低 43%，对羟基苯甲酸甲酯的量为 3mg/kg 时，能使血压降低 43%。他们又进一步对辣木叶乙醇提取物的降血压作用进行分析，从辣木叶乙醇提取物中分离出了起降血压作用的化学成分。研究结果表明异硫氰酸酯和硫代氨基甲酸酯苷 niaziminin A 和 niaziminin B 有降压活性，而腈苷 niazirin 和 niazirinin 尚未发现具有该方面功效[43]。Anwar 等[47]发现，辣木叶能够稳定血压，从辣木叶片中分离出来的腈、芥子油苷和硫代氨基甲酸酯苷起主要的降血压作用。这些化合物的抗血压作用机制目前尚不明确，有研究推测可能是通过钙拮抗作用介导的。

Sena 等[48]从辣木叶提取物中分离出四种起到降血压作用的成分，并分析其详细的结构信息。经分离得到的化合物主要有两种氨基甲酸酯苷 niazimin A 与 niazimin B，以及两种具有硫代氨基甲酸酯基团的芥子油苷 niazicin A 和 niazicin B。

有一系列研究表明，这些化合物中的酰胺键对其降血压功效发挥了至关重要的作用。这四种化合物的降血压效果大致相同，当其剂量为 1mg/kg 时，可使平均血压下降 15%～20%；当其剂量为 3mg/kg 时，使平均血压下降 35%～40%。Faizi 等[49]分离了九种新的天然苷类化合物，且是完全乙酰化糖。研究表明，辣木果荚与叶的降压活性是由于氨基甲酸醋、硫代氨基甲酸醋和异硫氰酸醋苷的作用所致。这些化合物在自然界中是罕见的，人们对硫代氨基甲酸酯类化合物的降血压活性进行了检测。对血压正常的麻醉大鼠静脉注射硫代氨基甲酸酯类化合物可导致其收缩压、舒张压和平均血压的下降。这些化合物的降血压作用呈现剂量依赖性。当其剂量为 1mg/kg 时，能使平均血压下降 10%～20%；当其剂量为 3mg/kg 时，能使平均血压下降 30%～40%。Gilani 等[50]从辣木叶乙醇提取物中分离出了四种纯的化合物，即辣木宁 A（niazinin A）、辣木宁 B（niazinin B）、辣木米辛（niazimicin）和辣木米宁 A+B（niaziminin A+B），人们对这四种化合物的降血压和抗痉挛活性进行了阐述。这四种化合物引起的收缩压及舒张压下降呈剂量依赖性，同时心率略有下降，且 1min 内就能使血压恢复到正常水平。对乙酰胆碱和一种纯化合物辣木宁在阿托品（1mg/kg）缺乏和存在的情况下的降血压作用进行追踪，乙酰胆碱的剂量为 1μg/kg 时能产生相当大的血压下降效果，但用辣木宁预处理后则未观察到血压下降的现象。niazinin A 预处理并没有改变乙酰胆碱的降压作用，说明辣木叶提取物的降血压机制与乙酰胆碱不同。

有研究报道，辣木果荚具有降血压活性。新鲜的辣木果荚用乙醇室温提取，溶剂挥发后得到含降压活性成分的稠状物（MO）。用乙酸乙酯萃取水相中的 MO。含活性物质的乙酸乙酯再经一系列不同溶剂萃取和柱层析得到 β-谷甾醇、O-[2-羟基-3-（2—庚烯氧）]-丙基-十一酸醋、O-乙基-4-[（α-L-鼠李糖氧-苄基]氨基甲酸酯、甲基对-羟基苯甲酸酯以及 N-9-2a、N-9-2b 和 N-16。测定果壳、果肉和种子乙醇浸膏的降压活性发现，辣木果荚的降压成分主要存在于种子中。以 30mg/kg 剂量给予大鼠整个果荚和种子的乙醇浸膏，可使大鼠平均动脉血压分别下降 41%和 43%。果肉乙醇浸膏剂量达 30mg/kg 时也未见活性。果壳在 10mg/kg 剂量时也无活性，在 30mg/kg 时显示双相作用。辣木叶粗提物对高脂饲料喂养大鼠具有显著的降 CHOL 作用，这可能归因于辣木叶中的生物活性成分，如生物碱。Dangi 等[51]首先提取了辣木叶中的生物碱水提物，然后将其转化为盐形式，通过对蛙体外心脏施加辣木提取生物碱盐，发现其对蛙体外心脏具有负性肌力作用，即可减弱心肌收缩力，减慢心率。因此，这表明辣木叶水提物中的生物碱可以降低血压，具有心脏保护作用。

Aney[29]对辣木的多种药理学活性进行了阐述，其中包括降血糖、降血压和降 CHOL 作用。辣木叶提取物已被证明在摄入 3h 以内可降低血糖水平，但是其降低血糖的效果不如标准的降血糖药物格列本脲。同时可稳定血压，这主要是由于其含有腈、芥子油苷和硫代氨基甲酸酯苷等化学成分。该研究结果表明，辣木叶可用于辅助治疗高血压与心血管系统疾病。

辣木含有丰富的蛋白质、纤维素、维生素矿质元素及黄酮类物质，已被开发为多种形式的食品。随着辣木产业的兴起，其许多生物活性特性也越来越受到人们的关注。辣木作为一种功能性植物，不仅含有多种营养物质，而且还具有很大的药用价值。研究表明，辣木在调血压、降血糖、保肝、抑菌等方面表现出了良好的活性，具有极高的药用保健价值，蕴含着巨大开发潜力。当今在全球糖尿病、心血管疾病、肝病等多种疾病患者数量猛增的形势下，对这些疾病天然防治药物的研究已经成为人们关注的热点，同时需求量也将大大增加。辣木在具有保健效果的同时，其营养成分丰富、副作用小，且辣木原料具备采集方便、资源丰富、提取工艺简单、有效成分含量高等特点，使辣木成为保健食品的一支"潜力股"。目前，市场上辣木产品的种类和数量较少，有待进一步开发利用，人们可根据辣木的药用特性，开发有助于稳定血压、降低血糖和血脂作用的功能性食品或药品。因此，深化研究辣木的化学成分和作用机制有助于开发新的药物，拓宽研究思路，为下一步开发具有应用价值的食品或药品提供科学的理论指导。

第四节　抗炎症

炎症是机体对受伤和感染等有害刺激的天然免疫应答，包括微生物病原体、组织损伤和体内免疫交叉相互作用。早在 20 世纪 90 年代就有研究者发现辣木在促进伤口愈合、缓解胃溃疡症等方面的潜力。近十年，人们从辣木的种子、叶、根、花各个部位的抗炎活性及活性物质成分分析到炎症作用机制的各个方面，开展研究工作。

在世界各地特别是发展中国家的农村地区，人们用辣木籽的提取物来处理饮用水，以减少水的混浊。这是因为辣木籽中含有凝集素 cmol （coagulant *Moringa oleifera lectin*） 和 *WSMoL* （*water*-soluble *Moringa oleifera* lectin），它们是碳水化合物结合的蛋白质，能凝结水中颗粒物的活性。研究调查天然产物损伤正常细胞的能力对于安全使用这些凝集素物质至关重要。从含水种子中提取的 cmol 和 WSMoL （6.25μg/mL） 可以通过调节 NO、TNF-α 和白细胞介素-1β （IL-1β）的生成，表现出对脂多糖 （LPS） 诱导的小鼠巨噬细胞的抗炎活性，辣木籽表现出一定的移植癌细胞生长作用[55]。

关于辣木各部分中起抗炎作用的成分分析，也有许多报道。在分离纯化辣木果实的乙酸乙酯提取物的过程中会产生三种新的酚类糖苷，分别是4-[（2′-O-乙酰基-α-L-鼠李糖氧基）苄基]异硫氰酸酯、4-[（3′-乙酰基-α-L-鼠李糖氧基）苄基]异硫氰酸酯和 S-甲基-N-硫代氨基甲酸酯[56]。基于包括 1D-NMR、2D-NMR 和质谱在内的光谱对新产生的代谢物进行结构分析，同时用 LPS 诱导的鼠单核巨噬细胞白血病细胞 （RAW 264.7 细胞系） 研究了分离化合物的抗炎活性，发现4-[（2′-O-乙酰基 α-L-鼠李糖氧基）苄基]异硫氰酸酯具有很强的抑制 NO 产生的活性，并能减少 LPS 介导的一氧化氮酶 （iNOS） 的表达，因此证实辣木果实确实对 NO 具有抑制作用[57]。最新的液质联用技术分析出了辣木中具有抗炎作用的生物活性成分。通过 LC/MS 分析从撒哈拉以南非洲收集到的辣木叶的酚类成分，鉴定出十二种黄酮类化合物，其中槲皮素、山奈酚苷和葡萄糖苷丙二酸酯为主要成分。采用酸水解辣木，将缀合物转化成它们各自的类黄酮苷元，用于准确定量总黄酮含量。使用这种方法对从加纳、塞内加尔和赞比亚收集的辣木中总黄酮类化合物进行了定性及定量分析，其含量范围在 0.18% ~ 1.64% （g/g BW）。辣木被发现含有丰富抗炎活性成分[58]。Pachauri 等[59]开发出了一种经过验证的 HPLC 分析方法，可以定量不同批次辣木根中具有抗炎活性的 1,3-二苄基脲和乙酰胺乙酸酯成分。两种化合物分别在 1.56~100μg/mL 和 1.25~80μg/mL 范围内呈线性关系。根据国际协调指导会议验证参数，包括准确度、精度、检测限和量化限制等，这一方法可以用于油菜根提取物的标准化和批次质量保证。

辣木籽可以作为抗炎剂，辣木籽中含有油酸、抗生素、辣木素、脂肪酸 （如亚油酸、亚麻酸、山嵛酸） 和植物化学物质 （如单宁、皂苷、酚醛、植酸盐、类黄酮、萜类和凝集素），此外还含有脂肪、纤维、蛋白质、矿物质、维生素 A、

B 族维生素、维生素 C 和氨基酸。其中，黄酮的存在赋予辣木籽抗炎症的性质[60]。辣木籽油外用能促进家兔皮肤创面的愈合，对家兔皮肤机械损伤有明显的保护作用，其机制可能与促进伤口边缘组织的收缩、促进创面坏死组织和异物的清除、加速肉芽组织的生长、加速胶原纤维的增生形成瘢痕、保护伤口、防止感染等有关[61]。因此，近年的研究采用甲醇作为溶剂提取经工业化生产的多油辣木，同时采用卡拉胶和组胺试验评估大鼠的抗炎作用，结果表明，提取物减少了水肿的形成，在 200mg/kg 的剂量下效果最佳[62]。

采用不同溶剂提取辣木中的有效活性成分是常用的研究方法。已有研究通过四种不同溶剂组分（氯仿、己烷、丁醇和乙酸乙酯）来评估辣木在 LPS 诱导的 RAW264.7 细胞中的抗炎潜力和细胞作用机制。细胞毒性测定结果表明，溶剂组分在浓度高达 $200\mu g/mL$ 时不对巨噬细胞具有细胞毒性。乙酸乙酯部分以浓度依赖性方式抑制 LPS 诱导的巨噬细胞中 NO 和促炎细胞因子的产生，并且比其他部分更有效。免疫印迹观察显示，通过抑制 NF-κB 信号通路，乙酸乙酯组分有效地抑制了炎症介质的表达，包括环氧合酶-2、诱导型 iNOS 和核因子 κB（NF-κB）p65。此外，它上调了 κB（IκBα）抑制剂的表达并阻断 NF-κB 的核易位。这些研究结果表明，通过抑制 NF-κB 信号通路，辣木的乙酸乙酯部分在 LPS 刺激的巨噬细胞中表现出有效的抗炎活性[56]。

进一步研究表明，辣木乙醇提取物可以抑制与促炎细胞因子 TNF-α、鼠胸腺活化调节趋化因子（CCL17）、IL-1β、白细胞介素-6（IL-6）相关的 mRNA 和丝裂原活化蛋白激酶（MAPKs）在 TNF-α/γ 干扰素（IFN-γ）诱导的人角质形成细胞株 HaCaT 细胞中的表达。辣木降低了表皮和真皮的厚度，促进了血清免疫球蛋白水平，以及淋巴结和脾细胞中各种细胞因子的基因表达，同时辣木可以抑制视黄酸相关受体的表达。辣木乙醇提取物对炎症反应有有益作用[63]。

一直以来对辣木的研究主要围绕其营养保健价值较高的叶子和种子，而对辣木花的研究也逐渐受到人们的关注。辣木花中富含具有生物活性的植物化学物质，花的粗提物具有抗真菌、抗幼虫、抗氧化、抗炎和抗癌的特性。从分离和鉴定从而完成对各种物质的生物测定。研究采用分级模式，分离出辣木花中不同的植物化学物质，比较了不同提取物发挥生物活性的效率，并说明花提取物通过 NF-κB 途径影响抑制炎症介质的活化，从而发挥抗炎作用[64]。

一、抗胃溃疡

王柯慧[65]的研究首次发现辣木叶片的甲醇提取物能明显减轻大鼠因乙酰水杨酸造成的胃损伤，并可显著提高胃溃疡的治愈率。随后在 1998 年的一项研究中表明辣木根和鲜叶汁的碱制剂在阿司匹林实验诱导的急性胃溃疡中具有显著的剂量-抗溃疡活性，碱制剂的抗溃疡作用比鲜叶汁更显著。碱制剂的抗溃疡活性可能与其生物碱含量或其抗胆碱能和抗组胺活性有关也可能是这些因素的共同作用[66]。

研究表明，辣木叶的提取物对试验动物的溃疡治愈效果非常好，通过注射可明显提高胃溃疡的治愈率。口服辣木叶的提取物也可以提高肠色素细胞和 5-羟色胺 5-HT 水平，保护肠道，预防肠道溃疡[67]。通过不同的胃溃疡模型和半胱胺诱导的十二指肠溃疡法，有效评价了辣木叶和果实的不同提取物对胃和十二指肠溃疡的影响。叶提取物（500mg/kg）对乙酸诱导的慢性胃溃疡有促进愈合作用。叶的丙酮提取物和甲醇提取物在幽门螺杆菌大鼠中产生胃部抗分泌作用并在乙醇诱导和吲哚美辛诱导的胃溃疡中显示出了胃细胞保护作用。叶提取物还可显著缓解应激诱导的胃溃疡和半胱胺诱导的十二指肠溃疡。果实的提取物都没有显示出任何明显的抗溃疡作用。辣木的叶子增加了胃溃疡的愈合并且还可以预防大鼠实验性诱导的胃溃疡和十二指肠溃疡的发展[68]。

使用阿司匹林（500mg/kg 体重）诱导成年 Holtzman 菌株白化大鼠（体重 150~200g）溃疡，研究辣木对溃疡的调节机制并与 5-HT 3 受体昂丹司琼的常用拮抗剂进行比较，以评估溃疡指数平均值、5-HT 含量、EC 细胞计数和黏膜厚度等参数。研究结果表明，辣木籽在胃肠道中通过 5-HT 3 受体调节细胞的 5-HT 分泌，在上述实验大鼠溃疡模型中以 300mg/kg 体重的剂量显示最大保护活性，同抗酸剂、抗组胺药物或手术治疗相比可以更有效地缓解溃疡；同时，通过筛选植物中的化学物质，发现辣木叶中存在的生物碱将有助于生产用于对抗胃肠道疾病的有效草药制剂[69]。

后来，人们在用灌胃乙醇和幽门结扎诱导胃溃疡大鼠的实验中，研究了辣木籽的抗溃疡活性。以 150mg/kg 和 200mg/kg 的剂量对大鼠施以辣木籽提取物，通过测定和比较实验组中的溃疡指数与对照组的溃疡指数来评估其抗溃疡活性。在幽门结扎大鼠中测定胃液总酸度和游离酸度。研究以奥美拉唑作为参考药物。结果表明，辣木籽提取物具有显著的抗溃疡活性[70]。另有研究，采用两个实验模型：乙醇诱导和幽门结扎诱导的胃溃疡，检测辣木根皮的乙醇提取物在白化大鼠中的抗溃疡潜能。提取物以三种不同剂量（150mg/kg、350mg/kg 和 500mg/kg）口服给药连续 15d。比较不同剂量的提取物和奥美拉唑（30mg/kg，p. o. ）治疗大鼠的抗溃疡作用，并对其中抗溃疡效应进行统计学比较，对照组大鼠用盐水（NaCl，0.9%）处理。与对照组相比，剂量为 350mg/kg 和 500mg/kg 的辣木根显著降低了溃疡指数。提取物剂量为 150mg/kg、350mg/kg 和 500mg/kg 的胃溃疡百分比分别为 82.58%、85.13% 和 86.15%。在幽门螺杆菌溃疡模型中分别为 55.75%、59.33% 和 78.51%。辣木根皮提取物显著降低了游离酸度、总酸度和溃疡指数。辣木的乙醇根皮提取物具有有价值的抗溃疡、抗分泌和细胞保护作用，可以将其用作抗溃疡药物的来源[71]。

二、抗急性结肠炎

近五年来，辣木根已经广泛用于溃疡性结肠炎（UC）的治疗中。有研究称柑橘果皮与辣木结合可以提高治疗 UC 的疗效。单独筛选辣木根的乙醇和水提取物（100mg/kg BW 和 200mg/kg BW），并与同等量的柑橘果皮的乙醇提取物组合，在小鼠中观察其对乙酸诱导的 UC 作用。在组织病理学观察中，辣木根和柑橘果皮提取物（每种 50mg/kg）的组合处理与单独提取物（200mg/kg）相比，可显著缓解小鼠的溃疡和充血。乙酸可提高血液和结肠组织中髓过氧化物酶（MPO）水平，而辣木根提取物与柑橘果皮提取物组合显著降低了血液和组织中 MPO 水平（$p<0.05$）。相似地，这种组合也显著降低了血液和组织中的 MDA 水平（$p<0.05$）。结果表明，辣木根提取物和柑橘果皮提取物组合后能够有效辅助治疗结肠炎，且其疗效比单独提取物更好[72]。

Minaiyan 等研究了辣木籽水醇提取物（MSHE）的抗炎作用及其氯仿提取物（MCF）对乙酸诱导的大鼠结肠炎的影响。将剂量分别为 50、100mg/kg 和 200mg/kg 的 MSHE 和 MCF 在溃疡诱导（使用醋酸 4%）前 2h 灌胃给予不同分组的雄性大鼠，持续 5d。参照组和对照组分别使用泼尼松龙（4mg/kg）和生理盐水（1mL/kg）。所有大鼠在最后一次给药后 24h（第 6d）处死，并对组织损伤进行宏观和病理学评估。三个剂量的提取物能有效减轻作为炎症和组织水肿的标志物的远端结肠（8cm）的质量。与对照组相比，三个剂量的 MSHE 和两个较大剂量的 MCF（100mg/kg 和 200mg/kg）有效减少溃疡严重程度、面积和指数以及黏膜炎症的严重程度。关于肠炎指数和 MPO 活性，MCF（50mg/kg）在降低结肠炎评估参数方面没有显著效果。通过实验可以得出 MSHE 和 MCF 都能有效治疗实验性结肠炎，这可能归因于其相似的主要成分：生物酚类和类黄酮。因 MSHE 在低剂量情况下功效也是明显的，所以在辣木籽中存在具有高效力的活性成分是有说服力的[73]。

三、抗关节炎

辣木不同部位均含有生物活性成分如多酚、黄酮等，长期以来，辣木根、茎、叶、花等部位被用来预防和缓解关节炎等疾病症状[74]。

Mahcyan 等[75]研究了辣木籽对缓解或改善关节炎的作用。向佐剂诱导的患关节炎的成年雌性 Wistar 大鼠补充辣木籽提取物，实验期间观察体重、足月水肿体积（原发病变）和关节炎指数（继发性损伤）。在实验的第21d，用每只动物的血清来评估类风湿因子（RF）值和所选细胞因子 [TNF α，白细胞介素-1（IL-1）和 IL-6] 的水平，全血用于测定红细胞沉降率（ESR），肝匀浆用于评估氧化应激，并进行组织病理学测量滑膜关节炎程度。研究结果表明，与患病对照动物相比，给予辣木籽乙醇提取物的实验组体重减少，足水肿体积和关节炎指数得分明显降低；血清的 RF、TNF-α、IL-1 和 IL-6 也呈现降低的趋势；氧化应激与抗炎活性有关，辣木籽同样改善了氧化应激；组织病理学观察显示轻度或较少浸润淋巴细胞，血管生成和滑膜增厚。研究显示，辣木籽可以发挥减缓或改善关节炎的作用[75]。

通过辣木花（*Moringa* flowers，MOFE）的水醇提取物对大鼠关节炎的影响研究，人们发现提取物有抗关节炎活性。与未处理的对照动物相比，通过 MOFE 处理减少了患病动物体重、原发性损伤、左后爪未注射部位的炎症和关节炎指数（继发性损伤）。与未治疗的患病对照动物相比，MOFE 的保护作用也被注意到，类风湿因子（RF）的血清水平降低，TNF-α 和 IL-1 的水平降低。动物组织病理切片显示出 MOFE 的保护作用：与关节炎动物的切片相比，MOFE 治疗组淋巴细胞浸润较少，血管生成较少。这项研究表明，辣木具有治疗关节炎的潜力[76]。

从辣木根中已经分离和表征了稀有的具有生物活性的化合物芳香酰胺乙酸酯和 1,3-二苄基脲。分离的化合物抑制 TNF-α 和 IL-2 的产生；同时 1,3-二苄基脲表现出了显著的镇痛活性。两种化合物的分析有助于理解辣木的作用机制，并且粗提取物可以对炎症性疾病如关节炎进行有效地控制[77]。

在研究辣木甲醇提取物对大鼠的完全弗氏佐剂（CFA）诱导的关节炎的镇痛特性中，体重为 200～220g 的成年雄性 Wistar 大鼠单次皮下注射 CFA 诱导佐剂关节炎，在 CFA 注射后 0d、3d 和 6d 时，将辣木根和叶（200mg/kg、300mg/kg 和 400mg/kg）的提取物从腹膜给予大鼠，吲哚美辛（5mg/kg）用作阳性对照药物。在注射 CFA 后 0d、3d 和 6d 评估热痛觉过敏和机械异常性疼痛的镇痛作用，同时还测定了辣木（200mg/kg）根和叶的甲醇提取物的镇痛作用。辣木的根或叶提取物（300mg/kg 和 400mg/kg）的效力与吲哚美辛相似，与对照组相比，分别在 3d 和 6d，CFA 诱发的关节炎大鼠的热痛觉过敏和机械异常性疼痛显著降低（$p<0.01$ 或 $p<0.05$）。3d 和 6d 后，根和叶提取物的混合物（200mg/kg）导致热痛觉过敏与对照组相比明显降低（$p<0.01$）。辣木根或叶的甲醇提取物可有效减少大鼠 CFA 诱导的疼痛，根和叶提取物单一和组合的比较也显示出对减轻疼痛的协同作用[78]。

近年来受到关注最多的是辣木叶。采用不同类型的大鼠实验模型研究不同剂量辣木叶提取物的镇痛和抗炎症作用，同时区分不同有效成分的性质。采用福尔马林试验、卡拉胶诱导大鼠足部水肿和关节炎的实验模型，通过大鼠皮下注射胶原蛋白的实验来对辣木叶几种剂量（30～300mg/kg）的非极性和/或极性提取物进行药理学评价，同时，通过扫描电子显微镜和激光扫描共焦显微镜进行基本形态表征。研究发现，极性和非极性提取物在不同实验模型中对炎症反应具有显著的抑制作用。这种抗伤害感受活动涉及不同性质的成分，并且取决于诱导的疼痛刺激的强度。植物化学分析显示极性提取物中含有山柰酚-3-葡萄糖苷，非极性提取物中含绿原酸等脂肪酸。这一研究表明辣木叶的提取物对治疗关节炎和缓解疼痛极具潜力[79]。

四、抗脑脊髓炎

莱菔硫烷（sulforaphane，SFN）是辣木中存在的有机硫化合物，具有很强的抗氧化和抗炎活性。Li 等[80]研究了 SFN 处理对炎症和氧化应激的影响，以及 SFN 在 C57BL/6 小鼠实验性自身免疫性脑脊髓炎（EAE）中作用的潜在机制。用 SFN 处理显著抑制小鼠 EAE 的发生和其严重程度，同时减轻了小鼠脊髓炎症浸润症状和髓鞘脱失程度。SFN 的保护作用与紧密连接相关蛋白（Claudin-5）和闭合蛋白（Occludin）的分布明显改善、基质金属蛋白酶-9（MMP-9）表达水平降低和维持血脑屏障有关。此外，SFN 的保护通过活化核因子 NF-Eα 相关因子/抗氧化反应元件通路（Nrf2/ARE）途径和提高抗氧化剂血红素加氧酶 1（HO-1）和人醌 NADH 脱氢酶 1（NQO1）表达水平，与小鼠脑中氧化应激水平降低相关。另外，用 SFN 处理可抑制抗原特异性辅助性 T 细胞 17（Th17）应答和增强白细胞介素-10（IL-10）应答。结果表明 SFN 可通过其抗氧化活性和拮抗自身免疫炎症来抑制小鼠的 EAE 发展和严重程度。SFN 及其类似物可以成为干预多发性硬化症（MS）和其他自身免疫疾病的试剂。

4（α-L-鼠李糖氧基）-苄基硫代葡萄糖苷（GMG）是不常见的葡糖异硫氰酸盐基团，其广泛分布于辣木中。GMG 与酶黑芥子酶的生物活化形成对应的GMG-ITC，可以在抗肿瘤活性中起关键作用并抵消炎症反应。MS 是以脱髓鞘、神经元和轴突损失为特征的神经变性的炎性脱髓鞘疾病。GMG-ITC 治疗在 MS 实验小鼠模型中的作用被研究。为此，给 C57BL/6 雄性小鼠注射髓鞘少突胶质细胞糖蛋白 MOG$_{35-55}$，能够引起模拟人 MS 生理发生的髓鞘纤维的自身免疫应答。结果表明治疗能够抵消引起严重 MS 过程的炎症。特别是，GMG-ITC 对抗炎症细胞因子 TNF-α 有效。研究还评估了包括 iNOS、硝基酪氨酸组织表达和细胞凋亡死亡途径的影响的氧化物质生成，发现 GMG-ITC 可以降低 Bcl 关联 X 蛋白（Bax）/B 淋巴细胞瘤-α 基因（Bcl-2）比值的不平衡。辣木可以作为预防或辅助治疗 MS 的有效药物，至少可以用于常规治疗[81]。

五、抗慢性炎症

早在 1995 年，就有研究提出辣木在大鼠的抗慢性炎症方面有作用。研究通过辣木对大鼠伤口模型上皮肤愈合的促进作用，并促进大鼠赖氨酰氧化酶活性增强和羟脯氨酸含量升高，来说明辣木对慢性炎症的改善作用。因为赖氨酰氧化酶对胶原蛋白分子间形成交叉连接起重要作用，而胶原蛋白又决定了相应组织的形成和生长，所以辣木具有较好的促进伤口愈合的疗效[82]。

随后有研究采用足部水肿和气囊炎症的大鼠模型评价辣木根甲醇粗提物的抗炎作用。试验采用口服给药大鼠，提取物以剂量依赖的方式抑制卡拉胶诱导的大鼠足部水肿，半数抑制浓度（IC_{50}）为 660mg/kg。在用卡拉胶诱导的气囊急性炎症中，提取物分别在 IC_{50} 值为 302.0mg/kg 和 315.5mg/kg 时比较有效，用于抑制细胞积聚和液体渗出。用 600mg/kg 获得的最大抑制率分别为 83.8% 和 80.0%。在气囊模型中利用 CFA 诱导慢性炎症时，提取物仍然有效，但使用效果较应用于急性炎症较弱。相比之下，中等剂量的吲哚美辛（5mg/kg）抑制急性而不是延迟形式的空气囊炎症。同时小鼠急性毒性试验表明其毒性极低。结果表明辣木根可以对急性和慢性炎症产生积极的影响[83]。

最近，研究者对辣木叶的抗慢性炎症作用进行了较深入的探究。采用水提取新鲜叶子制成的辣木浓缩物，利用天然存在的黑芥子苷将四种葡萄糖异硫氰酸酯转化成异硫氰酸酯，建立最佳提取条件，使得 GMG-ITC 和4-[（4'-O-乙酰基-氨基-鼠李糖基）苄基]异硫氰酸酯含量最大化（1∶5 质叶重量/室内温度）。优化的辣木浓缩物含有 1.66% 异硫氰酸酯和 3.82% 多酚。异硫氰酸酯在 37℃ 下经过 30d 后仍显示 80% 的稳定性。辣木浓缩物和上述两种异硫氰酸酯显著降低了 RAW 264.7 巨噬细胞中的基因表达和炎症标志物的产生。在 1μm 和 5μm 下，iNOS 和 IL-1β 的表达减弱，NO 和 TNFα 的产生减少。稳定和浓缩的异硫氰酸酯可以在食品中缓解与慢性疾病相关的低级炎症[84]。

通过评估 Griess 反应中 NO 产生的抑制和巨噬细胞中促炎介质的表达，可以有效评估辣木叶乙醇提取物的抗炎作用。辣木叶乙醇提取物显著抑制 NO 产生和其他炎症标志物如前列腺素 E、肿瘤坏死因子 α、白细胞介素（IL）-6 和 IL-1β 的分泌。同时，生物活性提取物以剂量依赖的方式诱导了 IL-10 的产生。此外，提取物有效地抑制了 LPS 诱导的 RAW264.7 巨噬细胞中炎症标志物 iNOS、环氧合酶-2 和活化的 B 细胞 p65 的核因子 κ-轻链增强子的蛋白质表达[85]。

第五节 对癌症化学防治具有潜力

随着预期寿命的持续上升、城市化进程的加剧以及随后的环境状况变化，包括生活方式等的改变，癌症已成为全球日益增长的健康问题。化学防治是指使用药物来抑制、逆转或延缓肿瘤发生。研究发现，源自食用植物的许多植物化学物质干扰致癌过程的特定阶段，膳食成分可通过多种机制发挥其抗癌作用[86]。药用植物是发展中国家医疗体系的重要组成部分。目前，用作抗癌剂的许多药物都是首先从植物中分离出来的。目前，一些重要的抗癌剂仍然需要从植物中提取，因为它们含有的活性物质结构复杂致使其不能以商业规模化学合成[87]。

辣木的叶子可以作为抗肿瘤活性物质的潜在来源，辣木的提取物也可以是化学致癌的有效化学预防剂，同时，辣木的叶子也可以对肿瘤启动子表现出抑制作用[88]。辣木对肺癌、肝癌、结肠癌、乳腺癌、白血病、胰腺癌、宫颈癌等具有一定的抑制作用。辣木抗肿瘤的机制可能包括抑制肿瘤细胞生长增殖、诱导细胞凋亡、抗氧化损伤和 DNA 修复、抗炎症、免疫调节、抑制肿瘤的侵袭与转移、化疗增敏作用。可见，辣木具有较好的抗肿瘤功能，在肿瘤防治方面，具有潜力[89]。

一、发挥抗癌作用的生物活性成分

早在 1998 年，就已有研究从传统草药辣木的叶子中分离出三种已知的硫代氨基甲酸酯（TC）和异硫氰酸酯（ITC）相关化合物，作为肿瘤启动子铁杆菌 B-4 诱导的 EBV 的抑制剂，激活淋巴细胞。在包括 8 个合成的 10 个 TC 中，只有辣木宁显示出显著的抑制 EBV 活化的作用。结构-活性关系表明，在辣木宁的 4′-位存在乙酰氧基是重要的，对于抑制是不可或缺的。另一方面，在 ITC 相关化合物中，天然存在的4-[(4′-O-乙酰基-α-L-鼠李糖氧基)苄基]ITC 和市售的烯丙基-和苄基-ITC 均具有显著的抑制活性，这表明异硫氰酸基是活动的关键结构因素[90]。

随后在 1999 年，有研究从辣木的乙醇提取物中分离出新的生物活性物质 O-乙基-4-（α-L-鼠李糖氧基）氨基甲酸苄酯和其他 7 种已知的化合物，包括 GMG-ITC、辣木米辛、尼西林（niazirin）、β-谷甾醇、甘油-1-（9-十八烷酸酯）、3-O-（6′-O-油酰基-β-D-吡喃葡糖基）-β-谷甾醇和 β-谷甾醇-3-O-β-D-吡喃葡萄糖苷。通过对其潜在的抗肿瘤促进活性的测试，发现所有测试的化合物对 EBV-早期抗原（EBV-EA）活性的抑制作用显著，其中化合物 GMG-

ITC、辣木米辛和β-谷甾醇-3-O-β-D-吡喃葡萄糖苷的抑制活性最为突出。辣木提取物在肿瘤启动子、12-O-十四烷酰-佛波醇-13-乙酸（TPA）诱导的淋巴细胞中激活了对 EBV-EA 的抑制作用。基于这一体外结果，将作用最显著的辣木米辛进一步进行体内试验，发现在 7,12-二甲基-苯并肿诱导的小鼠皮肤致癌过程中，辣木提取物具有有效的抗肿瘤活性。从这些结果来看，辣木米辛被认为是化学致癌作用的有效化学预防剂[91]。

根据辣木中抗癌成分的最新研究报道显示，SFN 和 GMG-ITC 分别作为十字花科蔬菜和植物油菜中的硫代葡萄糖苷前体存在，并被认为是具有化学预防作用的可食用异硫氰酸酯。在对 GMG-ITC 抑制癌症和免疫疾病——如对两面神激酶（JAK）/信号传导及转录激活因子通路（STAT）和 NF-κB 这类在肿瘤中频繁上调的必需信号通路的抑制能力等——进行研究的过程中发现，其类似于 SFN，纳摩尔范围内的 GMG-ITC 可抑制白细胞介素-3（IL-3）诱导的 STAT5 靶基因的表达。用 GMG-ITC 或 SFN 处理对 IFNα 诱导的 STAT1 和 STAT2 活性具有有限的抑制作用，这表明两种异硫氰酸酯靶向作用于 JAK/STAT 信号通路的其他位点。此外，在模拟持续激活的 STAT5 诱导的细胞转化的细胞模型中，SFN 可逆转致癌 STAT5 介导的生存和生长优势，并触发细胞死亡，从而证明 SFN 具有癌症化学预防活性。这些研究有助于我们更好地了解膳食异硫氰酸酯 GMG-ITC 和 SFN 的生物活性，从而使得其能在预防慢性疾病如癌症、炎性疾病和免疫疾病中发挥更大作用[92]。

二、抑制肿瘤细胞增殖

药用植物在品种和作用机制方面提供了不竭的抗癌药物来源，而其中诱导凋亡是植物产品作为抗癌剂的关键作用方式。辣木叶提取物对人口腔上皮样癌 KB 细胞有抗增殖和诱导凋亡的作用。将不同浓度的辣木叶提取物加入到 KB 细胞中，培养 48h，用 3-[4,5-二甲基噻唑-2-基]-2,5-二苯基四唑溴盐（MTT）比色法检测细胞存活率。结果显示辣木叶提取物可剂量依赖性地抑制 KB 细胞的增殖，其抗增殖作用与通过促进 DNA 断裂诱导细胞凋亡作用密切相关。辣木叶提取物具有较强的抗增殖和诱导凋亡的作用，具有癌症化学预防的潜力，可以作为癌症治疗的靶向作用药物[93]。

由于越来越多的人对植物天然产物有关注，以及口服抗癌药物的优点，辣木叶的可溶性提取物也可用于制药。有研究对其作为新的抗癌候选药物的潜力进行了评估。辣木叶的可溶性冷蒸馏水提取物（4℃；浓度为300mg/mL）可显著诱导细胞凋亡，抑制肿瘤细胞生长，降低人肺癌细胞以及其他几种类型的癌细胞内部ROS的水平，提示用辣木叶提取物处理癌细胞可显著降低癌细胞的增殖和侵袭。此外，与未处理的细胞相比，超过90%的测试给药组细胞基因意外地下调超过2倍，而在辣木叶提取物处理的细胞中，只有低于1%的基因上调超过2倍。由于观察到严重的剂量依赖性rRNA降解，许多基因的异常下调被认为是由于用辣木叶提取物处理引起的异常RNA形成。此外，辣木叶提取物对肿瘤细胞的细胞毒性表明它可能是癌细胞特异性的理想抗癌治疗候选药物[94]。随着辣木叶具有治疗各种类型癌症的潜在价值的假说被提出，辣木叶针对不同癌细胞的抗癌作用研究在近年来被广泛关注。

鉴于辣木的抗癌作用仍在研究之中，因此癌症患者不能过度依赖食用辣木辅助治疗疾病，还是应当去正规医院治疗。

三、抗肝癌、肠癌、乳腺癌

大量研究表明，辣木叶或种子对肝癌、肠癌、乳腺癌具有抑制作用。辣木提取物对抗肝癌和抗乙肝B病毒（hepatitis B virus，HBV）有作用。Waiyaput等[95]采用MTT比色法测定了辣木叶提取物对人肝癌HepG2细胞活力的影响。通过使用定量实时PCR确定HBV基因组DNA表达质粒瞬时转染HepG2细胞中乙型肝炎病毒（HBV）共价闭合环状DNA（cDNA）的水平，分析辣木提取物对HBV复制的抑制作用。辣木叶提取物显示出具有抗HBV活性，对HepG2细胞也具有轻度的细胞毒性作用。辣木叶的醇提取物在瞬时转染的HepG2细胞中大大降低了cDNA的水平。体外实验证实辣木叶的提取物具有抗肝癌作用。

为了研究辣木叶的甲醇和二氯甲烷提取物的抗氧化活性、体外抗癌细胞增殖活性和化学预防性质，研究人员进行了一系列实验。除了利用自由基清除实验检测抗氧化活性外，还使用3-（4,5-二甲基噻唑-2-基）-2,5-二苯基四唑溴化物（MTT）还原法对肝癌HepG2细胞、肠癌（Caco-2）和乳腺癌（MCF-7）等三种细胞系进行抗增殖试验，并利用肝素（Hepa-1c1c7）的醌还原酶（QR）诱导试验检测体外癌症化学预防活性。提取物的化学预防活性表达为双重QR活性浓度（CD 值）。甲醇提取物显示出比二氯甲烷提取物更高的自由基清除活性。在抗增殖试验中，对于 HepG2、Caco-2 和 MCF-7 癌细胞，二氯甲烷提取物的 IC_{50} 为 $112 \sim 133 \mu g/mL$，但对于甲醇提取物，其 IC_{50} 变得超过 $250 \mu g/mL$。在化学预防检测中，二氯甲烷提取物具有显著诱导 QR 活性的能力（CD 值 = $91.36 \pm 1.26 \mu g/mL$），而甲醇提取物没有诱导作用。辣木叶的二氯甲烷提取物显示出高抗氧化活性、有效的癌细胞抗增殖活性和诱导醌的还原酶活性。辣木叶在癌症化疗和化学预防方面有药用价值[96]。

对从辣木中获得的种子精油对肝癌 HepG2 细胞、乳腺癌 MCF-7 细胞、肠癌 Caco-2 细胞和成纤细胞 L929 的潜在细胞毒活性进行了研究，对不同的细胞系在不同油浓度（$0.15 \sim 1 mg/mL$）处理 24h，用 MTT 法检测细胞毒性，发现辣木籽精油可显著性抑制所有 4 种细胞系的细胞活力，且呈浓度依赖性。此外，活力降低的程度与细胞系相关，HeLa 细胞是受影响最严重的细胞，其次是 HepG2、MCF-7、L929 和 CACO-2，辣木籽精油对几种细胞产生毒性的百分比分别为 76.1%，65.1%，59.5%，57.0% 和 49.7%。此外，MCF-7、HeLa 和 HepG2 细胞获得的 IC_{50} 值分别为 $226.1 \mu g/mL$、$422.8 \mu g/mL$ 和 $751.9 \mu g/mL$。结果表明，辣木籽精油对癌细胞系具有有效的细胞毒活性[97]。

近年来，辣木叶的冷水提取物对人肝癌细胞 HepG2 的抗癌活性被进一步深入研究。通过分析凋亡信号，包括半胱天冬酶或聚（ADP-核糖）聚合酶切割的诱导，以及膜联蛋白 V 和末端脱氧核苷酸转移酶介导的 dUTP 缺口末端标记测定，可证明辣木叶的提取物能诱导 HepG2 细胞的凋亡。在中空纤维测定中，口服叶提取物可显著降低（44%~52%）HepG2 细胞的增殖。结果显示辣木叶可溶性提取物作为口服给药具有治疗人肝癌的潜力[98]。此研究同时还提出了辣木叶促进 A549 肺癌细胞凋亡的作用，指出其治疗肺癌的潜力。关于辣木对肺癌的抑制作用及机制也有不少报道。

四、抗肺癌

由于暴露于空气污染物和香烟烟雾的增加，肺癌的发病率预计将增加。辣木叶提取物（MOE）在 A549 肺癌细胞中的抗增殖作用已有报道。采用 $166.7 \mu g/mL$ MOE（IC_{50}）处理癌细胞 24h 后，测定氧化应激 DNA 片段化和半胱天冬酶活性，并通过 Western 印迹法测定相关蛋白 Nrf2、p53、Smac/DIABLO 和 PARP-1 的表达，采用 PCR 评估 Nrf2 和 p53 的 mRNA 表达。结果表明，MOE 处理的 A549 细胞中活性氧物质显著增加，细胞内谷胱甘肽水平伴随降低。MOE 显著降低 Nrf2 蛋白表达和其 mRNA 表达。在 MOE 处理的细胞中可观察到较高水平的 DNA 断裂、p53 蛋白表达（1.02 倍）、p53 mRNA 表达（1.59 倍）、caspase-9（1.28 倍）和 caspase-3/7（1.52 倍）酶活动，以及 Smac/DIABLO 表达增强，这证实了 MOE 诱导肺癌细胞凋亡的作用。辣木叶导致肺癌细胞凋亡的氧化应激增加，具有抗增殖特性，它的生物化学机制使其可以作为肺癌治疗中的治疗剂[99]。

随后，有研究测定不同辣木叶提取物对 A549 肺癌细胞活力的影响，包括产生三磷酸腺苷（ATP）、ROS 和 GSH 的水平，以及在不同时间点释放的 LDH 的百分比。除线粒体膜电位外，还可采用蛋白质印迹法检测凋亡标志物和免疫荧光标记的胱天蛋白酶抑制剂（FLICA），以此来评估诱导凋亡的效果。结果发现，辣木叶提取物处理导致线粒体膜电位（1h）和 ATP 水平（3h）显著降低，随后 6h ROS 和胱天蛋白酶活化增强，促凋亡蛋白表达（p53、SMAC/Diablo 和 AIF）增加，以及 PARP-1 降低。这最终导致 GSH 水平的降低和癌细胞生存力的下降。辣木提取物通过影响线粒体活力并以 ROS 依赖性方式诱导凋亡，在 A549 癌细胞中发挥其细胞毒性作用[100]。

五、抗结肠癌

除了肠癌以外，辣木对结肠癌的抑制作用也受到关注。联合化学疗法一直是提升化学疗法有效性的手段，辣木叶提取物和其他物质的联合化学疗法也对癌细胞有抗增殖和诱导凋亡的作用。有学者研究了辣木叶乙醇提取物（MEE）作为联合化疗剂与 5-氟尿嘧啶（5-FU）在人结直肠癌 WiDr 细胞上的活性。研究基于通过 MTT 测定的细胞活力百分比的细胞毒活性，并且基于使用丙烯丁醛-溴化乙锭（AE）作为染色试剂的双染色方法观察细胞凋亡。单次处理的细胞毒性评估中发现，使用浓度为 5μg/mL、20μg/mL、50μg/mL、100μg/mL、125μg/mL 和 250μg/mL 的 MEE 在处理后 24h 降低细胞活力。选择 5μg/mL、50μg/mL 和 250μg/mL 的 MEE 作为 1000μM 5-FU 的组合浓度处理 24h 和 48h 后，分别使用 MTT 法检测细胞活力，发现组合物与药物单独出现相比可更显著地降低细胞活力。使用双重染色法进行细胞凋亡观察显示，组合物处理 48h 后存在凋亡细胞。结果显示，辣木叶提取物可通过增加 WiDr 结肠癌细胞系对 5-FU 的敏感性来进行联合化学治疗[101]。

辣木叶提取物也对人结肠癌 HCT116 细胞系有抗增殖作用，用柱色谱辣木叶甲醇提取物将其分离成四个批次（MOL1-MOL4），其中 MOL2 和 MOL3 分别含有黄芪胶和异槲皮素。MTT 法检测结果表明细胞抗增殖效果明显，特别是 MOL2、MOL3 和 MOL4 可呈现浓度依赖性抑制细胞增殖。MOL2 和 MOL3 表现出比其主要成分更强的细胞生长抑制作用。辣木叶提取物具有很强的抗增殖活性，可通过减少 ERK1/2 磷酸化而发挥作用[102]。

Al-Asmari 等[103]对辣木叶、树皮和种子提取物的抗癌作用进行了研究。对 MDA-MB-231 和 HCT-8 癌细胞系进行测试时，发现叶和树皮的提取物显示出显著的抗癌特性，但种子提取物几乎没有表现出任何这样的性质。当用叶和树皮提取物处理时，这两种细胞存活率显著降低。此外，在用叶和树皮处理时观察到集落形成以及细胞运动性显著降低（70%~90%）。此外，对这些经过处理的乳腺和结肠直肠癌细胞进行凋亡测定显示凋亡细胞数量显著增加，MD-MB-231 增加了 7 倍，结肠直肠癌细胞株增加了数倍。然而，在种子提取物处理后没有检测到显著的凋亡细胞。此外，细胞周期分布显示 G2/M 富集（2~3 倍），表明这些提取物有效地将细胞周期抑制在 G2/M 期。通过对提取物的 GC-MS 分析得到许多已知的抗癌化合物，即丁子香酚、异硫氰酸异丙酯和 D-丙氨酸和十六碳烯酸乙酯，它们都具有长链烃、糖部分和芳香环。这表明，辣木的抗癌性质可归因于该植物的提取物中存在的这类生物活性化合物。辣木的抗癌物质在叶子和树皮中存在，同时辣木的提取物可以作为抗癌剂，用于开发对乳腺癌和结肠直肠癌有明显的抗癌作用的新药物。

最新研究表明，辣木叶水煮液中富含脂肪酸，能够作为化学保护剂，能够调节结肠癌中的细胞凋亡。存在的葡甘露聚糖能够抑制肿瘤细胞增殖，这可能得益于水煮液中的抗结肠癌物质。辣木叶水提取物对人体肺上皮细胞的癌变具有显著的抑制效果，能促进抗恶性细胞增殖，处理后的上皮细胞抗氧化性有明显增强[43]。

六、抗其他癌症

Bose 等[104]研究了辣木对治疗上皮性卵巢的作用，结果表明，辣木可以通过中枢作用机制干扰激素受体相关因子和肿瘤生长相关细胞因子途径。同时也对 G 蛋白连接的信号转导系统产生了巨大的影响。辣木可以在上皮性卵巢癌的治疗中有抗癌作用[104]。

辣木乙醇提取物与阿霉素组合对 HeLa 宫颈癌细胞具有细胞活性抑制作用。通过 MTT 法检测辣木、阿霉素及联合治疗的细胞活力，通过使用溴化吖啶橙的双染法对其进行细胞凋亡测定，发现辣木在 HeLa 癌细胞中显示出了细胞毒活性。辣木（$5\mu g/mL$、$50\mu g/mL$ 和 $250\mu g/mL$）与单用阿霉素（100nmol 和 200nmol）相比，细胞毒作用增加。250nmol 阿霉素和 $250\mu g/mL$ 辣木的组合显示出了最强的细胞毒性活性。单独使用 $250\mu g/mL$ 浓度的辣木诱导凋亡作用不明显。结果表明辣木对宫颈癌有一定的抗癌作用，可以被开发为宫颈癌的辅助化疗剂[105]。

辣木对胰腺癌症的改善作用也有报道，低于 6% 的胰腺癌患者可以在诊断后存活超过五年。化疗是目前的标准治疗方法，但是这些肿瘤会经常随着时间的推移发展出耐药性。NF-κB 是一种促炎转录因子，据报道在胰腺癌细胞对基于细胞凋亡的化学疗法的抗药性中起重要作用。于是有学者研究了辣木叶提取物对培养的人胰腺癌 Panc-1 和 COLO 357 细胞的影响，以及增强顺铂化疗是否可以对这些细胞起作用。通过流式细胞术评估用辣木叶提取物处理后细胞周期中 Panc-1 细胞的分布，并通过免疫印迹对蛋白质水平进行评估，发现辣木叶提取物能抑制所有参与实验的胰腺细胞系的生长。暴露于 $\geq 0.75mg/mL$ 提取物后，所有细胞的这种作用都是显著的。经辣木叶提取物处理的 Panc-1 细胞，细胞周期发生显著变化，G1 期细胞百分比显著增加，并且粗细胞提取物中 p65、p-IkBα 和 IkBα 蛋白的表达显著降低。另外，辣木叶提取物可协同增强顺铂对 Panc-1 细胞的细胞毒作用。研究结果显示，辣木叶提取物抑制胰腺癌细胞及细胞 NF-κB 信号通路的生长，并增加化疗在人胰腺癌细胞中的功效[106]。

此外，有研究表明辣木叶提取物不仅以 ROS 依赖性方式诱导 HepG2 肝癌细胞、CaCo2 肠癌细胞的细胞凋亡，同时也以此方式诱导 Jurkat 病毒和 HEK293 白血病细胞的凋亡[100]。Khalafalla 等[87]的研究结果显示，对于 10 例急性淋巴细胞白血病（ALL）和 15 例急性骨髓性白血病（AML）患者，辣木叶的热水和乙醇提取物可杀死 70%~86% 原代增生的异常细胞。由此说明，辣木可作为治疗癌症药物的一种天然有效原料[87]。

综上所述，辣木对癌症的化学预防作用可通过抑制肿瘤细胞增殖并诱导凋亡来实现，同时辣木对肝癌、肠癌、乳腺癌、肺癌、结肠癌、胰腺癌、白血病、宫颈癌及上皮性卵巢癌具有显著的抗癌作用。辣木是天然抗癌剂的植物来源。

第六节　抗菌

在热带国家生长的辣木是非常有用的树，树的所有部分可以根据不同的功效治疗不同的疾病，其中辣木叶可为营养不良者提供营养补充，也可用作抗生素。辣木中含有抗菌和杀菌的活性物质，这些化合物通过抑制微生物生长和其活性，从而发挥抗细菌和抗真菌的作用[88]。

一、抗细菌

1981 年，研究发现辣木籽中的 4（α-L-鼠李糖氧基）苄基异硫氰酸酯（GMG-ITC）具有抑制细菌及真菌生长的作用。辣木根仅含有该化合物和异硫氰酸苄酯，但不包括之前发现的印度辣木素（pterygospermin）。当在提取过程中加入抗坏血酸时，辣木的脱壳和无壳种子中含有 8%~10% 的异硫氰酸酯。该化合物对几种细菌和真菌起作用。对于分枝杆菌，体外细菌杀菌浓度最低为 40μmol/L，枯草芽孢杆菌为 56μmol/L。[107]

十年后的研究再次发现，辣木叶、根、树皮和种子对细菌、酵母、皮肤癣菌和对人体致病的蠕虫有抗菌活性。研究证明了新鲜叶汁和种子水提取物可抑制绿假单胞菌（*Pseudomonas aeruginosa*）和金黄色葡萄球菌（*Staphylococcus aureus*）的生长，而超过 56℃ 的提取温度即可以抑制这两种细菌活性。对其他四种致病性革兰阳性和革兰阴性细菌和白色念珠菌没有产生活性。通过稀释法证明对 6 种致病性皮肤癣菌没有活性[108]。

在随后的 20 多年里，越来越多的研究人员致力于辣木各个部分的抗菌活性研究。首先是对辣木作为天然絮凝剂来澄清饮用水的作用的研究。辣木籽中含有能够将悬浮液中的颗粒絮凝在水中的小储存蛋白质。克隆编码这些絮状蛋白质 $MO_{2.1}$ 的 cDNA，并在大肠杆菌中表达重组蛋白，使用光和共聚焦显微镜和绿色荧光蛋白（GFP）过表达细菌，在黏土和细菌上测定纯化的重组 $MO_{2.1}$ 的絮凝活性。研究显示，$MO_{2.1}$ 能够聚集蒙脱石黏土颗粒以及革兰阳性和革兰阴性细菌。因此，纯化的来自辣木籽的活性成分可以处理工业废水，用以聚集颗粒性物质和细菌[109]。

Ferreira 等[110]研究了用于水处理的辣木籽分离的凝集素的凝结剂和抗菌活性。通过几丁质色谱层析分离水溶性辣木籽凝集素（WSMoL）与非凝集组分（NHC）。在污染水域存在高浓度离子的情况下，WSMoL 荧光光谱没有改变。种子提取物 NHC 和 WSMoL 在浑浊水模型上显示凝结剂活性。NHC 和 WSMoL 均抑制了金黄色葡萄球菌的生长，但只有 WSMoL 引起大肠杆菌的减少。WSMoL 在减少环境湖水细菌的生长方面也更有效。WSMoL 是水的潜在天然生物凝结剂，可以降低浊度，减少悬浮固体和细菌[110]。

最近发现，辣木籽中含有的多肽及氨基酸是其发挥絮凝剂作用的主要活性成分。Suarez 等[200]的研究表明，辣木籽中的肽既可介导悬浮颗粒如细菌细胞的沉降，也具有直接杀菌活性，表明两种活性可能具有相关性。将肽的构象建模与合成衍生物的功能分析相结合后发现，部分重叠的结构是介导沉淀和抗菌活性的决定因素。沉淀需要积聚细菌细胞带正电荷的谷氨酰胺部分肽。杀菌活性定位于易于形成螺旋–环–螺旋结构基序的序列。氨基酸取代表明，杀菌活性在突出环内需要疏水脯氨酸残基。染色表明用含有该基序的肽进行处理会导致细菌膜损伤。将该结构基序的多个拷贝组装成支链肽可增强抗菌活性，因为低浓度可有效地杀死细菌如铜绿假单胞菌和化脓性链球菌，而不会对人体红细胞产生毒性作用。人类病原体含有具强抗菌活性的合成肽，每种活性肽具有不同的分子机制。沉淀可能由耦合絮凝和凝结作用引起，而杀菌活性则需要通过疏水环进行细菌膜去稳定化。辣木衍生的氨基酸有抗菌作用[111]。

除了传统的饮用水抗菌剂以外，有研究表明，辣木对致病菌具有一定抑制作用，可应用于水体抗菌。从辣木中分离得到的内生真菌（*Aspergillus* sp.），其发酵液对金黄色葡萄球菌和铜绿假单胞菌的生长有很强的抑制作用。曲霉 ly14 发酵液抑菌效果的最适碳源是麦芽糖，最适氮源是玉米浆，最适初始 pH 为 5，最适装液量为 50mL，最适培养时间 160h，但生长因子（叶酸和维生素 B_{12} 除外）和无机盐离子并不促进发酵液的抑菌效果[112]。

对辣木叶（LE）、果（FE）和种子（SE）的水提取物进行研究，发现其具有成为抗氧化剂的潜力，能够抑制氧化性 DNA 的损伤和抗群体感应（QS）。提取物可以显著抑制 pUC18 质粒 DNA 的 OH-依赖性损伤，并且还与杆菌素有协同抑制，活性作用的顺序为 LE>FE>SE。液质分析结果显示，辣木这三个部分中含有没食子酸（GAE）、绿原酸、鞣花酸、阿魏酸、山奈酚、槲皮素（QE）和香草醛。LE 总酚含量相对较高（105.04mg GAE/g），总黄酮含量为 31.28mg QE/g，抗坏血酸含量为 106.95mg/100g，抗氧化活性为 85.77%，还原力为 1.1ASE/mL。FE、SE 和标准 α-生育酚对脂质过氧化、蛋白氧化、OH-诱导的脱氧核糖降解和超氧化物阴离子和一氧化氮自由基的清除能力有抑制作用。LE 和 FE 通过抑制自由基产生来影响青紫色素杆菌（*Chromobacterium violaceum*）的生长[113]。

除了辣木的叶、果、种子，辣木树皮的抗菌活性也有报道。有研究通过琼脂扩散法，测定了辣木的叶、果、种子及树皮对枯草芽孢杆菌（*Bacillus subtilis*）、大肠杆菌（*Escherichia coli*）、肺炎克雷伯菌（*Klebsiella pnemoniae*）、痢疾志贺氏菌（*Shigella dysentriae*）、金黄色葡萄球菌等经常引起人类肠道感染的细菌活性有抑制作用。辣木叶、树皮、种子和果肉的苯、甲醇和水提取物对上述几种细菌均具有较强的抗菌活性，抑制区范围为 7~23mm。据此推测辣木可用作口服抗菌药物的来源，以抵抗由易感细菌引起的感染[114]。

此外，对辣木中生物活性物质的研究说明，不同提取方式获得的辣木提取物的抗菌活性有差异。研究者通过对来自世界各地 13 个辣木品种进行抗菌研究，发现所有品种的丙酮提取物对肺炎克雷伯菌均有良好的抗菌活性，能够抑制蜡状芽孢杆菌（*B. cereus*）及绿脓杆菌[115]。

关于辣木树叶丙酮提取物抑制微生物生长及抗氧化的活性，有研究采用双重连续微量稀释法，测定了 12 种辣木对真菌（白色念珠菌、烟曲霉和新型隐球酵母）和细菌（金黄色葡萄球菌、粪肠球菌、大肠埃希氏菌和铜绿假单胞菌）的最小抑菌浓度（MIC），并采用 1,1-二苯基-2-苯草肼（DPPH）测定其自由基清除能力。研究结果发现，12 种辣木叶 24 种丙酮提取物的抗菌和抗氧化活性差异很大[116]。辣木叶丙酮提取物对细菌的 MIC 为 0.04~2.50mg/mL，对真菌的 MIC

为 0.16~2.50mg/mL。不仅是品种，收获季节也对不同辣木品种的抗菌活性有很大影响。对于在冬季收获的样品，L3 和 LP2 对粪肠球菌（MIC 为 0.08mg/mL）和大肠杆菌（MIC 为 0.04mg/mL）具有显著活性。L5、LP1 和 LP6 对大肠杆菌（MIC 为 1.25mg/mL 和 2.50mg/mL）、金黄色葡萄球菌（MIC 为 1.25mg/mL）和粪肠球菌（MIC 为 2.50mg/mL）的活性较弱。其他样品对四种细菌具有中度抗菌活性（MIC 为 0.16~0.63mg/mL）。从夏季收集的样品中，L5（MIC 为 0.08mg/mL）、L6（培养 1h 后 MIC 为 0.08mg/mL）、LP1（MIC 为 0.08mg/mL）、LP2（培养 1h 后 MIC 为 0.08mg/mL）、LP4（MIC 为 0.08mg/mL）和 LP5（MIC 为 0.04mg/mL 和 0.08mg/mL）对粪肠球菌（L5、L6、LP1、LP2、LP4 和 LP5）、金黄色葡萄球菌（LP1 和 LP5）和大肠杆菌（LP2 和 LP5）具有显著的活性。其他提取物具有弱的抗菌活性，MIC 范围为 0.16~0.33mg/mL。

也有研究采用水或乙醇提取辣木叶中的抗菌活性成分。研究采用不同极性溶剂，即在水和乙醇中提取辣木的生物活性物质，发现两种提取物中存在类黄酮、单宁、类固醇、生物碱、皂苷等。利用扩散法测定提取物对微生物的抗菌作用，包括大肠杆菌、绿脓假单胞菌、金黄色葡萄球菌、普通变形杆菌（Proteus vulgaris）、变形链球菌（Streptococcus mutans）、枯草芽孢杆菌和表皮葡萄球菌（Staphylococcus epidermidis bacteria）。辣木叶的乙醇提取物和水提取物对所有菌株都具有抑制活性，但是乙醇提取物显示出对链球菌突变体的较强抑制活性，而水溶液提取物对普通变形杆菌具有最大抑菌活性[117]。

目前对辣木叶抗菌活性的研究较为全面。研究人员采用圆盘扩散和 MIC 测定了辣木叶新鲜汁液对人类病原菌的抑制作用，包括 4 种革兰阴性细菌——志贺菌、假单胞菌铜绿假单胞菌、志贺氏菌、假单胞菌属，以及 6 种革兰阳性菌——金黄色葡萄球菌、蜡状芽孢杆菌、β-溶血性链球菌、枯草芽孢杆菌、黄褐斑、巨大芽孢杆菌。结果显示，辣木鲜叶粉、鲜叶汁和鲜叶冷水及乙醇提取物对金黄色葡萄球菌和 β-溶血性链球菌除外的所有测试的革兰阴性菌和革兰阳性菌均表现出很强的抑制作用。鲜叶汁抑制面积为 15.23~25.2mm，鲜叶粉为 29.25~42.3mm，鲜叶乙醇提取物为 16.25~21.5mm，鲜叶冷水提取物为 7.75~27.5mm；上述各组的 MIC 值分别为 1.25~2.5μL/disc、229~458μg/mL、458~916μg/mL 和 29.87~58.75mg/mL。据此推测辣木的提取物和汁液可以作为新药物开发为抗菌剂来控制人类严重的致病菌引起的疾病[118]。

随后，辣木叶的水和乙醇提取物对革兰阳性菌和革兰阴性菌生长的影响得到关注。研究测定了辣木水提物及乙醇提取物对大肠杆菌（ATCC25922）、金黄色葡萄球菌（ATCC25923）、副溶血弧菌（*Vibrio parahaemolyticus*）、粪肠球菌（*Enterococcus faecalis*，ATCC29212）、铜绿假单胞菌（ATCC27853）、肠炎沙门氏菌（*Salmonella enteritidis*，IH）和气单胞菌（*Aeromonas caviae*）的抑制作用。采用改进的扩散法进行敏感性试验，发现两种提取物对大肠杆菌、铜绿假单胞菌和肠炎沙门氏菌菌株均具有抗菌活性，且在 400μL 时对金黄色葡萄球菌、副溶血性弧菌、粪肠球菌和球形弧菌的抗菌作用最显著[119]。

另有研究针对辣木叶对其他 3 种致病菌的抑制作用进行过阐述。研究者采用琼脂扩散方法测定了辣木叶的水和氯仿提取物的抗菌活性。粗氯仿提取物对大肠杆菌、伤寒沙门氏菌（*Salmonella Typhi*）和铜绿假单胞菌（*Pseudomonas aeruginosa*）的生长显示出显著的抑制作用，其抑制圈直径（DZI）分别为（30±0.01）mm、（26±0.03）mm 和（20±0.04）mm。辣木叶水提物显示出了对大肠杆菌和伤寒沙门氏菌（*S. Typhi*）的抑制活性，DZI 分别是（20±0.03）mm 和（18±0.01）mm。辣木叶的两种提取物对铜绿假单胞菌在所有测试浓度下都具有抗性，MIC 范围为 10~20mg/mL，而最小杀菌浓度范围为 20~40mg/mL。对提取物的化学分析显示出其次生代谢物包含生物碱、黄酮、皂苷和单宁。这些代谢产物作为辣木叶治疗细菌感染的活性物质，使得辣木成为抗菌药物开发的宝贵药材[120]。

除辣木叶以外，辣木籽的抗菌活性也非常显著。研究者采用氯仿及乙醇分别提取辣木叶和辣木籽中的抗菌活性物质，测定了其对 4 种食源性腐败致病菌的抑制作用。研究采用标准程序进行了初步植物化学筛选和抗微生物测定，植物化学分析的结果显示提取物中生物活性成分存在差异。在所有提取物中都能检测到皂苷，而单宁只在辣木叶氯仿提取物中被检测到。抗菌测定结果表明，辣木叶乙醇提取物对大肠杆菌、铜绿假单胞菌、金黄色葡萄球菌和产气肠杆菌敏感的测试生物体显示出广谱抗菌活性。对于所有微生物，MIC 值范围在 2.0~4.0mg/mL。辣木籽氯仿提取物仅对大肠杆菌和鼠伤寒沙门氏菌具有活性。测试生物体的 MIC 值范围为 1.0~4.0mg/mL。同时，浓度为 1mg/mL 的辣木籽提取物对毛霉属（*Mucor* spp.）和根霉属（*Rhizopus* spp.）霉菌的生长抑制为 100%。标准酮康唑（对照）以 0.5mg/mL 的浓度抑制测试生物体 100%。因此，不仅辣木叶，辣木籽的提取物也具有作为消毒剂/防腐剂的潜力，其通过抑制微生物的生长，能有效抑制从食源性病原体到腐败引起的致病菌[121]。也有研究报道了辣木籽的水和乙醇提取物对金黄色葡萄球菌、霍乱弧菌（*Vibrio cholerae*）、大肠杆菌和肠炎沙门氏菌的抗菌作用。研究还表明辣木籽的乙醇提取物对从罗非鱼中分离出的大肠杆菌尤其敏感[122]。

还有其他研究报道了辣木的水蒸气蒸馏物的抗菌活性。实验观察到辣木蒸馏物对大肠杆菌、金黄色葡萄球菌、肺炎克雷伯菌、铜绿假单胞菌和枯草芽孢杆菌五种试验菌的生长具有显著抑制效果。其中，对大肠杆菌的抑制率达73.43%，对金黄色葡萄球菌的抑制率达70.34%。

二、抗真菌

热带和半热带地区存在许多皮肤癣菌引起的皮肤癣菌和癣等皮肤病。一般来说，这些真菌生活在身体湿润区域的死皮层细胞中，如脚趾、腹股沟和乳房之下。这些真菌感染会引起轻微的刺激，而其他类型的真菌感染可能更严重。它们可以渗入细胞，引起瘙痒、肿胀、起泡和结垢。在某些情况下，真菌感染可能会导致身体其他方面的反应。皮肤癣菌（*Dermatophytes*）、毛癣菌（*Trichophyton*）、表皮癣菌（*Epidermophyton*）和微孢子虫（*Microsporum canis*）通常参与这种感染。因此，一些研究对辣木籽和辣木叶作为抗真菌草药的治疗性质进行分析及测定。辣木籽和辣木叶的乙醇提取物在体外表现出了抗真菌活性，例如红色毛癣菌（*Trichophyton rubrum*）、须毛癣菌（*Trichophyton mentagrophytes*）、表皮癣菌（*Epidermophyton xoccosum*）和小孢子虫（*Microsporum canis*）。辣木叶提取物化学成分GC-MS分析显示其中共有44种化合物存在。分离的提取物在未来可发展为抗皮肤疾病的药物[124]。

大多数真菌出现在自然界中，利用碳水化合物和氮等简单来源生长。沙氏葡萄糖琼脂（Sabouraud's dextrose agar，SDA）一直是从临床标本中初步分离真菌的理想媒介，但是对于来自非无菌部位或重度污染物的标本，必须包含诸如氯霉素（chloramphenicol，抗菌）和放线菌酮（cycloheximide liquor，抗真菌）等抑制抗生素物质。Ayanbimpe等[125]研究了不同浓度辣木叶和树皮的纯化提取物对临床分离真菌的抑制作用，确定了常见真菌污染物被抑制的MIC值。结果表明，辣木叶提取物浓度为0.75mg/mL时，食品污染物可完全被抑制。但辣木树皮提取物即使在较高浓度下对所有受试真菌也不具有抑制作用。结果表明，辣木叶提取物可以作为培养基中的抑菌物质，其对曲霉属（*Aspergillus* spp. ）、青霉属（*Penicillium spp.*）等真菌的抑菌效果较好[125]。

从辣木中分离的脱氧-内酰亚胺（*N*-苄基，硫代甲酸乙酯）的糖苷配基与氯仿粗提物的抗微生物活性研究中观察到，糖苷化合物和粗提物对 14 种致病菌和 6 种致病真菌具有抗菌和抗真菌活性。从氯仿乙醇提取物中分离得到的糖苷化合物比粗氯仿提取物显示出对波伊德氏志贺氏菌（*Shigella boydii*）、痢疾志贺氏菌（*Shigella dysenteriae*）和金黄色葡萄球菌有更高的体外抗菌活性，在 9～13mm 产生抑制区。同时，糖苷化合物和氯仿粗提物抑制巨大芽孢杆菌（*S. megaterium*）、志贺氏菌、痢疾志贺氏菌和金黄色葡萄球菌的 MIC 值在 32～128μg/mL。测定结果还显示，与氯仿粗提物相比，糖苷化合物对白色念珠菌（*Candida albicans*）和黄曲霉（*Aspergillus flavus*）具有一定抑制作用。由此说明，该糖苷化合物具有抗菌和抗真菌活性，可以作为抗微生物剂用于治疗[126]。

另有研究测定了辣木籽提取物对多杀性巴氏杆菌（*Pasturella multocida*）、大肠杆菌、枯草芽孢杆菌、金黄色葡萄球菌等细菌和腐皮镰孢霉菌（*Fusarium solani*）、腐皮根霉（*Rhizopus solani*）等真菌菌株的抗菌活性。粗提物、上清液、残留物和透析样品在不同程度上抑制所有微生物的生长。与真菌菌株相比，生长抑制区域对细菌菌株的敏感性更高。MIC 测定显示，辣木提取物对多杀性巴氏杆菌和枯草芽孢杆菌的抑菌效果最显著。而提取物的活性会被阳离子（Na^+、K^+、Mg^{2+} 和 Ca^{2+}）拮抗，在 4～37℃ 和 pH7 的条件下可发挥最大活性[127]。

研究者通过扩散法研究了辣木树皮的氯仿、乙酸乙酯、甲醇和含水提取物对于两种真菌菌株，即匍枝根霉（*Rizopus stolonifer*）和小孢子藻（*Microsporum gypseum*）的抗真菌活性。与对照处理相比，辣木树皮的不同提取物在很大程度上降低了真菌的菌落生长。测试病原体对植物提取物的敏感性有很大不同。在大多数提取物对真菌的抑制作用中，小孢子藻表现得最敏感。甲醇是测试植物中抗真菌活性最佳的萃取溶剂。辣木树皮提取物的植物化学分析显示出其主要含有生物碱、类黄酮、酚类、单宁、皂苷和类固醇。这些研究结果为辣木治疗各种真菌传染病提供了理论基础[128]。

此外，辣木的水蒸气蒸馏物对真菌也有抑制作用，馏出物降低了真菌的菌落直径，其对黑曲霉（*A. niger*）的抑制作用最为显著，其次是米曲霉（*A. oryzae*）、土曲霉（*A. terreus*）和构巢曲霉（*A. nidulans*）[123]。

第七节　辣木的抗氧化功能

自由基是发挥其生理功能还是引起衰老和疾病，这取决于自由基在体内产生的多少、部位及产生和清除之间的平衡情况，即体内自由基的产生和清除应当是平衡的，或者说体内氧化和还原应当是平衡的，这样人体才能保持健康。当人体自由基产生过多且清除自由基的能力下降时，体内就会有多余的自由基，会损伤细胞成分，即"氧化应激"状态。如果不加以调整，继续发展下去就会导致人体疾病和衰老的发生。此时，需要从体外补充抗氧化剂，帮助维持体内自由基的平衡。目前市场上广泛销售和被广大人群使用的一类抗氧化剂保健食品和药物，都是利用了其中的有效成分抗氧化剂对有害自由基的清除作用原理，例如茶多酚、银杏黄酮、葡萄籽和葡萄皮提取物原花青素和白藜芦醇等。具有中国特色的从中草药中提取的天然抗氧化剂，在疾病的预防和治疗方面也发挥着重要作用。自由基生物学和天然抗氧化剂对人类健康做出了巨大贡献。随着人民生活水平的提高及民众寿命的延长，许多与营养和衰老相伴随的疾病发生率增高，食品的抗氧化功效成为人们关注的热点之一。其中，天然抗氧化剂在保健食品中占有重要位置，并成为近年来功能食品领域的研究热点。辣木作为一种天然的膳食抗氧化剂来源，其优秀的抗氧化功能已被人们发现。随着各地学者研究的不断深入，其抗氧化性能、主要成分等已被揭示。

目前，对于辣木的抗氧化性研究主要是针对于其叶子和籽，人们采用不同方法对获得的提取物进行了深入评价。其中，辣木叶提取物在过去 20 年间是研究的焦点。

一、辣木叶的抗氧化功能

辣木叶的抗氧化功能首先在其冻干粉提取物中得到了验证。Siddhuraju 等[129]在 2003 年对于不同地区的辣木叶冻干粉的水、甲醇和乙醇提取物的抗氧化活性研究显示，不同辣木叶提取物均具有清除过氧自由基和超氧自由基的能力。相同样本的不同溶剂提取物在 DPPH 自由基清除实验中分别表现出了相似的抗氧化活性。在 β-胡萝卜素-亚油酸检测体系中，采于印度地区的辣木叶样品较尼加拉瓜和尼日尔的样品表现出更高的抗氧化能力，其甲醇和乙醇提取物抗氧化活性分别达到 65.1% 和 66.8%。另外，对于提取物样品中酚类化合物的测定显示，其还原力随着浓度的升高而显著增强，并且辣木叶中酚类化合物的主要抗氧化活性物质为类黄酮类化合物，如槲皮黄酮和山奈酚。由于其显著的抗氧化活性，辣木叶被认为是天然抗氧化剂的潜在来源。

Iqbal 等[130]考察了季节和农业种植季候对巴基斯坦辣木叶甲醇提取物抗氧化活性的影响。实验选取总酚含量（TPC）、总黄酮含量（TFC）、抗坏血酸（AAcid）含量、还原力、亚油酸体系中抗氧化能力和超氧阴离子自由基的清除能力作为评估参数，在巴基斯坦不同季节和不同区域的辣木叶提取物样本的抗氧化活性间发现了明显差异。其中采集于 Mardaan 地区的样本抗氧化活性最高，平均抗氧化功效最显著的样本采集于十二月和三月，最低的采集于六月，首次证实了季节及种植的不同条件均显著影响辣木叶的抗氧化功效。另外，实验数据显示巴基斯坦辣木叶样本具有和其他国家样本相似的抗氧化性能，并远高于其他天然抗氧化剂。

Pari 等[131]比较了辣木和野甘草两种植物叶子粗提物的抗氧化活性。其中，辣木叶粗提物的总酚含量达到 118mg/g，高于野甘草粗提物的 88mg/g，远高于豆荚种子和谷粒提取物，稍低于葡萄叶提取物[134]。辣木叶粗提物的总抗氧化活性达到 0.636μmol TE/mg（水溶性维生素 E 当量），高于野甘草粗提物的 0.432μmol TE/mg，远高于谷物[135]、杏仁[136]和豌豆[137]甲醇提取物的总抗氧化活性。在 0.2mg/mL 的 DPPH 自由基清除试验中，辣木叶粗提物平均清除率达到 65%，相当于野甘草叶的 2 倍（36%）。另外，高效液相色谱检测辣木叶粗提物的酚酸类成分主要包括咖啡酸、ρ-香豆素、阿魏酸，以及微量的黄烷醇和黄酮醇。

Arabshahi 等[138]比较分析了辣木叶、薄荷叶和胡萝卜茎乙醇提取物的抗氧化活性及不同 pH、温度对抗氧化活性的影响。对干粉抗氧化成分的检测显示出辣木叶富含抗坏血酸，达到 431mg/g，远高于薄荷叶和胡萝卜茎干粉中抗坏血酸含量（分别为 40.25mg/g 和 20.0mg/g）。辣木叶中 α-生育酚、β-类胡萝卜素、谷胱甘肽和总酚含量分别为 24.65mg/g、14.412μg/g、129.53mmol/g 和 4.5g/g，略高于其在薄荷叶和胡萝卜茎中的含量。在 1.5mg/mL 的亚油酸体系中，辣木叶乙醇提取物和胡萝卜茎乙醇提取物抗氧化活性分别为 83% 和 80%，略高于纯 α-生育酚（72%）。在葵花籽油系统中，辣木叶提取物也表现出了较高的抗氧化活性。另外，在酸性（pH4）和碱性（pH9）以及室温储藏 15d 等条件下，辣木叶乙醇提取物的抗氧化活性未发生明显变化，这说明辣木叶是膳食抗氧化剂潜在的优良来源。

Moyo 等[139]使用丙酮和水对辣木叶进行提取获得了辣木叶丙酮提取物和水提取物。对于两种不同提取物的酚醛类物进行检测显示，丙酮提取物中总黄酮含量为（295.01±1.89）mg QE/g、黄酮醇含量为（132.74±0.83）mg QE/g、酚类物质含量为（120.33±0.76）mg TE/g，原花青素含量为（32.59±0.50）mg CE/g（儿茶素当量），较水提取物含量更高。两种提取物均表现出较强的抗氧化能力，且随浓度升高而增强，而丙酮提取物对 DPPH、2,2′-联氮-22-3-乙基苯并噻唑啉-6-磺酸（ABTS）及氮氧化物自由基的清除能力更强。辣木叶提取物可显著增强 SOD、CAT 和 GSH 活性，同时降低脂质过氧化水平，是潜在的膳食抗氧化剂来源。

Chumark 等[140]对辣木叶水提取物的抗氧化性能、降血脂和抗动脉粥样硬化活性进行了分析。在 DPPH 自由基清除试验中，辣木叶水提取物的半数抑制浓度（IC_{50}）为 78.15μg/mL。体外和体内实验均证明，辣木叶水提取物可以显著地延缓 LDL 中共轭二烯和硫代巴比妥酸活性物（TBARS）的形成时间。

Verma 等[141]利用甲醇、水、乙醚、氯仿和乙酸乙酯等不同溶剂在提取的不同阶段进行收集，获得辣木叶的五种提取相，包括粗提液、乙醚提取物、氯仿/不含酚类相、乙酸乙酯/含酚类相和水/剩余相。可通过测定总酚含量、还原力、DPPH 自由基清除率、超氧阴离子清除能力以及 β-类胡萝卜素-亚油酸体系中的抗氧化能力来评估五种提取相的抗氧化活性。其中，乙酸乙酯/含酚类相在 β-类胡萝卜素-亚油酸系统中的抗氧化能力为 89.35%；还原力为 0.59ASE/mL；DPPH 清除实验的 IC_{50} 为 0.04mg/mL，半最大效应浓度（EC_{50}）为 1.78mg/mg_{DPPH}；超氧阴离子清除能力为 0.17mg/mL，脂质过氧化抑制试验中 IC_{50} 为 0.09mg/mL，抗氧化活性显著高于其他提取相。另外，此提取相对于由羟基自由基诱导的 DNA 变性具有显著的保护作用，且呈现浓度依赖的特点。以雄性 Sprague-Dawley 鼠为模型进行的体内抗氧化活性实验显示，CCl_4 可以导致肝脏和肾脏内过氧化脂质的显著升高，以及 GSH 和其他抗氧化酶类——如 SOD 和

CAT——的显著降低。以乙酸乙酯/含酚类相提取物对 CCl_4 进行喂食可以显著降低脂质的过氧化反应，并提高 GSH、SOD 和 CAT 在体内的含量[141]。

柏田良树等[142]以 DPPH 自由基清除活性为指标，对可食用和用作保健茶的辣木叶的抗氧化作用成分进行筛选，分离得到异槲皮苷 6′-O-草酸酯和紫云英苷 6′-O-草酸酯，并进一步对抗氧化活性成分进行筛选。对从辣木叶的甲醇提取物中得到的活性组分进行光谱分析和水解后，确定其为异槲皮苷 6′-O-3-羟基-3-甲基戊二酸酯和紫云英苷 6′-O-3-羟基-甲基戊二酸酯。前者的 IC_{50} 为（2.25±0.05）μmol/L，具有较强的 DPPH 自由基清除活性，其活性强于异槲皮苷 [IC_{50} 为（2.78±0.14）μmol/L]。

国内一些学者也对我国产辣木叶的抗氧化性能进行了深入的研究。吴玲雪等研究了海南辣木叶粗多糖的提取最佳工艺，并对其抗氧化活性进行测定[143]。研究以海南产辣木叶干粉为原料，采用水为提取剂，通过不同浸提温度、浸提时间与次数及料液比研究最佳的提取条件；并采用水杨酸法测定辣木多糖对羟自由基的清除率，以确定提取物的抗氧化活性。试验结果表明，辣木叶多糖最佳提取工艺条件为料液比 1∶20、浸提温度 80℃、浸提时间 120min、浸提次数 3 次，在此条件下，辣木粗多糖的提取率可达 15.42%，多糖提取物对羟自由基有清除作用，且随着提取物浓度的提高清除作用逐渐增强，呈现剂量效应关系。

岳秀洁等[144]采用响应面分析法对辣木叶黄酮的超声提取工艺进行优化。以乙醇浓度、料液比、提取时间、提取温度为考察因素，总黄酮得率和氧自由基吸收能力（ORAC）为响应值，进行四因素三水平的 Box Behnken 实验设计，最优条件为：乙醇浓度 70%，料液比 1∶27（g/mL），提取时间 46min，提取温度 50℃。在此条件下，总黄酮得率为（48.93 ± 0.44）mg RE/g，ORAC 为（2747.17±301.51）μmol TE/g，与预测值（49.23mg RE/g，2853.99μmol TE/g）的误差分别为 0.6% 和 3.7%。采用聚酰胺树脂对辣木叶黄酮粗提物进行纯化，纯化后黄酮含量为 65.89%，ORAC 值为（5923.48±228.65）μmol TE/g，且纯化前后均表现出较强的 DPPH 和 ABTS 自由基清除能力，其 EC_{50} 值分别为 0.45g/mL、0.10g/mL 和 0.26mg/mL、0.05mg/mL。结果表明，超声提取是一种高效的提取辣木叶中黄酮的方法，且聚酰胺树脂可有效提高辣木叶提取物中的黄酮含量并显著提高其抗氧化性。

刘能等[145]通过实验确定辣木叶中 γ-氨基丁酸的最佳提取条件，并评价了其体外抗氧化活性。通过单因素试验和正交试验优化辣木叶中 γ-氨基丁酸提取工艺参数，研究提取温度、料液比和提取时间等因素对辣木叶 γ-氨基丁酸提取率的影响。结果表明，最佳提取条件为提取温度60℃、料液比1∶15、提取时间30min。在此条件下，辣木叶中 γ-氨基丁酸含量为（3.40±0.09）mg/g；γ-氨基丁酸粗提物对 DPPH 自由基、羟自由基以及 ABTS 自由基清除能力较强，其 EC_{50} 分别为 0.1490mg/mL、0.0925mg/mL 和 0.0398mg/mL，并呈剂量依赖性。

裴斐等[146]为研究辣木叶多酚超声辅助提取工艺，选取超声功率、超声时间、超声温度和料液比为考察指标，研究不同工艺参数对辣木叶多酚提取量的影响，并采用响应面法优化辣木叶多酚提取工艺。结果表明，超声辅助提取辣木叶多酚最优工艺为：超声时间 19.5min、料液比 1∶30（g/mL）、超声温度 20.2℃、超声功率 250W。在此条件下，辣木叶多酚提取量为（25.14±0.46）mg/g。同时为考察辣木叶多酚的体外抗氧化活性，测定了辣木叶多酚还原力及其对 DPPH 自由基、超氧阴离子自由基的清除能力。结果表明，辣木叶多酚具有较强的体外抗氧化活性，其还原力、DPPH 自由基和超氧阴离子自由基清除能力分别达到同等质量浓度维生素 C 的 81.25%、94.15% 和 75.05%。该研究为辣木叶多酚等生物活性成分的高效制备与抗氧化剂的深度开发提供了理论依据。

梁鹏等[147]则探讨了辣木茎叶中水溶性多糖的提取工艺条件以及其抗氧化活性。其研究以辣木茎叶干粉为原料，采用水为提取剂，通过单因素和正交试验对浸提温度、浸提时间及料液比进行了研究。实验条件下辣木茎叶多糖最佳提取工艺条件为料液比 1∶20（g/mL）、浸提温度80℃、浸提时间 120min，在此条件下，辣木粗多糖的提取率可达5.66%。同时采用水杨酸法和邻苯三酚法分别测定辣木多糖对羟自由基以及超氧阴离子的清除率，以确定提取物的抗氧化活性。结果显示，多糖提取物对羟自由基及超氧阴离子均有清除作用，且随着提取物浓度的提高，其对二者的清除作用逐渐增强，存在剂量效应关系。清除作用的 IC_{50} 值分别是 7.2528mg/mL 和 2.5011mg/mL。

张幸怡等[148]通过使用辣木梗叶替代基础饲粮中 50% 苜蓿，研究其对泌乳乳牛生产性能及血浆生化、抗氧化和免疫指标的影响。选取 8 头产后 100～150d，经产、体重、胎次、产乳量相同或相近的健康的荷斯坦乳牛，每 4 头为 1 组，共为 2 组进行交叉试验。试验（A）组饲喂用辣木梗叶替代基础饲粮中 50% 苜蓿的试验饲粮，对照（B）组饲喂基础饲粮。试验分2期进行，每期18d，其中前15d为预试期，后3d为试验期，采集血样及乳样，并记录干物质采食（DMI）量和产乳量。结果表明，与B组相比，A组乳牛的DMI显著增加（$p<0.05$），产乳量有升高的趋势（$0.05 \leqslant p<0.10$），且显著提高了乳蛋白率、乳蛋白产量和乳总固形物含量，并具有降低乳体细胞数的趋势（$0.05 \leqslant p<0.10$）；同时，A组乳牛血浆中CHOL和TG含量显著低于B组（$p<0.05$），碱性磷酸酶（ALP）活性与NEFA含量有下降的趋势（$0.05 \leqslant p<0.10$）；对抗氧化能力的检测显示，A组乳牛显著提高了血浆的总抗氧化能力（T-AOC）和抑制羟自由基能力（$p<0.05$），同时显著降低了血浆中MDA含量（$p<0.05$），血浆中免疫球蛋白G（IgG）的含量也显著升高（$p<0.05$）。因此，辣木梗叶在一定程度上可促进乳牛生产性能的提高，预防乳房炎的发生，改善乳牛血浆生化指标，提高乳牛机体抗氧化能力和免疫功能，可作为优质粗饲料应用于乳牛的生产实践。

在许多热带和亚热带国家，辣木已被广泛应用于传统药物行业。辣木叶提取物以酚类和类黄酮为主要成分，在体外和体内均表现出抗氧化活性。为了最大化这些主要功能成分的产量和优化抗氧化活性，Vongsak等[149]通过对不同提取方法和条件的实验来优化提取工艺。实验中作者使用了包括压榨、煎煮、浸渍、渗滤和索氏提取等不同方法分别对新鲜干燥的辣木叶进行提取，其中蒸馏水用于挤压和煎煮，其他方法使用50%和70%乙醇。通过HPLC法对活性化合物进行定量分析的结果显示，采用浸渍法，以70%乙醇作为溶剂所获得的提取物中总酚含量为13.23g CAE/100g提取物（绿原酸当量），总黄酮含量为6.20g IE/100g提取物，其中主要活性成分crypto-绿原酸和异槲皮素的含量分别占比0.05%和0.09%（质量分数）。抗氧化实验结果显示，此提取物具有较高的DPPH清除活性，EC_{50}值为62.94μg/mL；同时，铁离子还原能力（FRAP）值较高，为51.50mmol FSE/100g提取物（硫酸亚铁当量）。HEK-293细胞的ROS清除实验结果显示，当浓度为100μg/mL时，浸渍法提取物可以显著降低细胞内ROS的相对含量。考虑到提取过程中涉及的各种因素，用70%乙醇浸提在简单性、便利性、经济性和普遍性方面均优于其他方法，获得的提取物含有最高含量的总酚类和总黄酮以及最高的抗氧化活性。因此，可以采用70%乙醇浸提法用于高品质的抗氧化原料提取和保健品的生产。

Saini等[150]研究了不同脱水方法对辣木叶提取物中主要功能物质类胡萝卜

素、生育酚和抗坏血酸含量的影响以及对其提取物抗氧化性能的影响。结果显示，辣木叶中生育酚为最稳定的维生素，在所有干燥条件下，其提取效率均可达到 86.4%。为保证最大含量的总类胡萝卜素（60.1%）、反式 β-胡萝卜素（90.1%）、顺式叶黄素（93.2%）和 DPPH 清除活性，托盘干燥与冷冻干燥是最为高效的方法。而对于最大程度保留叶黄素（51.3%）和抗坏血酸（97.8%），最好的脱水方法为冷冻干燥。在干燥过程中，β-胡萝卜素和叶黄素发生了明显的从反式到顺式的异构化。这一结果对于探索适用于生产的辣木叶干燥方法有重要意义。同时，在不同模型动物中进行的实验进一步在体内证实了辣木叶的抗氧化功效和其广泛的应用前景。

Mansour 等[151]研究了辣木叶水提物对于小鼠体内由伽马射线导致的氧化胁迫的抗性及保护作用。处理组小鼠连续 15d 喂食辣木叶提取物（300mg/kg，口服），最后一次喂食 1h 后进行伽马射线照射。辐射毒性的生化表现一方面通过血清 CTG、TC、LDL-C、肌酸磷酸激酶（CK）和 LDH 活性、组织中 MDA 和 NO 的升高来评估；另一方面通过血清中 HDL-C、组织中 GSH、CAT、谷胱甘肽过氧化物酶（GSH-Px）和 SOD 活性水平降低来评估；同时 DNA 损伤也作为评估的标准之一。结果显示，辣木叶提取物喂食组小鼠在酯类平衡、MDA 含量、NO 含量及 DNA 损伤方面较对照组有显著改善。同时，喂食组小鼠的 GSH 及抗氧化酶类活性显著高于对照组，小鼠心脏和肝脏的组织病理学实验也呈现相同的结果。这些结果说明，辣木叶水提取物较大程度地缓解了小鼠体内由伽马射线照射造成的氧化损伤，证实了辣木叶优良的体内氧自由基清除能力和体内抗氧化活性。

Sun 等[152]研究了喂食辣木叶对于新西兰大白兔生长性能、营养消化率、胴体性状、肉质、抗氧化能力和生化指标的影响。作者以 10%、20% 和 30% 的辣木叶提取物代替苜蓿粉，可获得不同辣木叶含量的饲料 MOL0、MOL10、MOL20 和 MOL30。每组饲料重复五次，每次喂食 10 只。结果显示，MOL20 组中兔子的平均日增重（ADWG）以及饲料转化率（FCR）显著高于其他组（$p < 0.05$）；MOL20 和 MOL30 组中兔子的肝脏以及脾脏指标显著高于其他组（$p < 0.05$）；而 MOL20 组中兔子的肉汁流失显著低于其他组。对照组兔子的解剖剪切力显著高于喂食辣木叶提取物的兔子（$p < 0.05$）。而对于饲料中粗纤维（CF）、天然脂肪（EE）、灰分、粗蛋白（CP）和无氮提取物（NFE）的消化，各组兔子无显著差

别。辣木叶同时提高了兔子体内血清白蛋白（ALB）、LDL、三碘甲状腺素和四碘甲状腺素含量与血清和肝脏中 SOD 以及 CAT 的活性。研究结果表明，辣木叶提取物具有作为膳食添加剂的潜在应用前景，其在生长性能、营养消化率、胴体性状、肉质抗氧化能力和生化指标等方面均有有益的功效。

二、辣木籽的抗氧化功能

刘华勇等[153]在水酶法制取辣木籽抗氧化肽的基础上，研究温度、pH、金属离子、糖类对辣木籽肽抗氧化活性的影响。结果表明：115℃加热 20min 可显著提高辣木籽肽的抗氧化活性；辣木籽肽在酸性环境下抗氧化活性较高；酸性条件下，辣木籽肽加热后，其抗氧化活性提升较大；非热处理条件下，随着金属离子浓度的升高，辣木籽肽的抗氧化活性均有不同程度的提高；在热处理条件下，随着 Ca^{2+}、Mg^{2+}、Zn^{2+}、K^+浓度的升高，辣木籽肽的抗氧化活性略有降低，然而，随着 Cu^{2+}浓度的增加，辣木籽肽抗氧化活性显著提高；在热处理条件下，加入糖类物质（包括果糖、半乳糖、葡萄糖、乳糖、蔗糖、甘露糖、麦芽糖、低聚半乳糖）会大大提高辣木籽糖的抗氧化活性，各种糖对辣木籽肽抗氧化活性提升的高低顺序为：果糖>半乳糖>低聚半乳糖>葡萄糖>乳糖＝蔗糖＝甘露糖＝麦芽糖。该研究对辣木籽肽作为功能性配料应用于食品开发具有指导意义。Santos 等[154]对辣木籽中水可溶性的抗氧化组分进行了测定。结果显示辣木籽中抗氧化组分DPPH 自由基清除能力要低于儿茶酸，但呈现热稳定性。Singh 等[155]对脱脂的辣木籽的酚类化合物以及抗氧化性能进行了测定，使用高效液相色谱法测定其中的酚醛酸和类黄酮，通过 DPPH 自由基清除能力、Fe^{3+}还原力和 T-AOC 三个指标评估抗氧化性能，结果显示，脱脂辣木籽具有较高抗氧化活性。

第八节　辣木对肝脏和肾脏的保护作用

一、辣木对肝脏的保护作用

药物会对肝脏造成损伤。例如，对乙酰氨基酚，它是一种在世界范围内广泛应用的退烧镇痛药，按照治疗指导剂量服用时，它可表现出较优秀的药效，而过量服用时却会诱发肝损伤。Ruckmani 等[156]考察了辣木根和花的水及乙醇提取物对乙酰氨基酚处理的肝中毒小鼠的肝脏保护功能。研究中对肝功能的评估基于对肝及血清中氨基转移酶、碱性磷酸酶和胆红素活性的测定。研究表明，辣木的根与花的水、乙醇提取物均具有保护肝脏的活性。

Fakuazi 等[157]报道了辣木叶粉对对乙酰氨基酚导致的肝损伤的治疗作用。3g/kg BW 剂量的对乙酰氨基酚可以使 SD 大鼠体内 GSH 含量显著降低，而转氨酶和碱性磷酸酶活性显著升高。以 200mg/kg 体重和 800mg/kg 体重辣木叶粉预喂食的 SD 大鼠体内天冬氨酸转氨酶、丙氨酸转氨酶和碱性磷酸酶活性显著降低，同时喂食辣木叶粉可使大鼠体内 GSH 的含量恢复至正常水平。辣木叶粉对肝的保护作用与喂食保肝药水飞蓟素（silymarin）的效果相似，该研究结果表明，辣木叶粉对肝脏的保护作用主要是通过维持体内 GSH 含量来实现的。

Pari 等[158]研究了辣木叶的乙醇提取物对由抗结核药物异烟肼、利福平和吡嗪酰胺引起的小鼠肝脏损伤的保护作用。研究对于小鼠的脂质含量和脂质过氧化水平以及血清中天冬氨酸转氨酶、丙氨酸转氨酶、碱性磷酸酶及胆红素水平进行检测。结果显示在喂食提取物后，小鼠肝脏的损伤水平显著降低。这一研究指出辣木叶提取物可以有效地促进由抗结核类药物造成的肝损伤的恢复。

Bharali 等[159]报道了辣木提取物对于大鼠肝脏中抗癌代谢酶类和抗氧化酶类的调控作用。以 125mg/kg DW 或 250mg/kg DW 喂食大鼠 2 周后，辣木提取物显著提高了小鼠肝脏中细胞色素 P_5 和 P_{450}、CAT、GSH - Px 和谷胱甘肽还原酶（GR）的活性以及酸溶性巯基（-SH）含量，同时显著降低了肝脏中 MDA 含量。250mg/kg DW 剂量造成肝脏中谷胱甘肽硫基转移酶（Glutathione - S - transferase，GST）显著升高，这说明辣木提取物对于化学致癌作用具有潜在的预防调控功能。

Nadro 等[160]研究了辣木叶冻干粉对酒精引起的小鼠肝脏毒性的解毒作用。该研究证实，与正常小鼠相比，喂食酒精的小鼠其肝脏组织中碱性磷酸酶、天冬氨酸转氨酶和丙氨酸转氨酶活性显著上调，脂质过氧化水平显著升高，而抗坏血酸含量显著下调。以 100mg/kg 或 200mg/kg 体重的辣木叶冻干粉预喂食小鼠，可以显著降低体内碱性磷酸酶、天冬氨酸转氨酶和丙氨酸的活性以及脂质过氧化水平，并可显著提高体内抗坏血酸含量。以 200mg/kg 体重的辣木叶喂食的小鼠，肝中毒恢复能力显著提高。该研究还指出，酒精导致的体内氧化压力可能是其引发肝中毒的主要原因，而辣木叶提取物的护肝作用与其对脂质过氧化的抑制和降低抗坏血酸的损耗有关。

Eldaim 等[161]研究了辣木叶乙醇提取物对四氧嘧啶引发的肝脏毒性的解毒作用。研究分别用 150mg/kg BW 的四氧嘧啶和 150mg/kg BW 的四氧嘧啶混合 250mg/kg BW 的辣木叶乙醇提取物，分别喂食两组小鼠。结果表明，四氧嘧啶引发了小鼠体内肝脏和胰脏的组织退化、脂质过氧化的加重以及丙酮酸羧化酶和半胱天冬酶的过量表达，同时降低了肝脏中 SOD、CAT 以及糖原合酶的表达水平。相比之下，喂食辣木叶乙醇提取物可以有效地避免肝脏和胰脏组织结构的变化，使肝脏内 GSH 含量标准化，升高了肝脏内 SOD、CAT 以及糖原合酶的表达水平。同时，辣木叶降低了血液中葡萄糖含量、肝的脂质过氧化水平、丙酮酸羧化酶和半胱天冬酶的表达水平。该研究表明，辣木叶提取物可作为功能性保肝成分应用于肝脏药物中。

Selvakumar[162]则对辣木叶氯仿-甲醇提取物的肝保护功能进行了研究。口服四氯甲烷可造成小鼠血清中总胆红素含量和结合胆红素含量的显著升高，以及谷丙转氨酶和谷草转氨酶活性的显著上调，而口服辣木叶的氯仿-甲醇提取物后，可以显著地降低小鼠体内血清中胆红素和结合胆红素的含量，并降低谷丙转氨酶和谷草转氨酶活性，这说明辣木叶具有保护肝脏免于四氯甲烷引起的肝毒性的作用。

Hamza[163]报道了辣木籽乙醇提取物对于肝硬化的治疗作用。小鼠肝硬化由口服 20% 的四氯化碳诱导（口服 8 周，每周两次诱导）。同时，处理组小鼠以 1g/kg BW 的剂量口服辣木籽乙醇提取物，结果显示肝硬化症状显著减轻，同时，血清中由四氯化碳引起的转氨酶和血球素的升高显著降低。免疫化学检测显示，口服辣木籽提取物后，小鼠含 α-肌动蛋白的平滑肌细胞含量降低，同时胶原蛋白 I 和 III 含量显著升高；DPPH 生成得到抑制，体内氧化力降低。同时，MDA 和羰基蛋白质含量的降低表明体内 SOD 活性升高。此研究结果表明，辣木籽对由四氯化碳诱导的肝损伤及肝硬化具有显著的预防和治疗功能。

Khalafalla 等[87]针对辣木叶不同提取物对于肝癌细胞的抑制作用进行了体外研究。在该研究中，研究者使用了不同的提取溶剂，包括热水（80℃）、冷水（15℃）和乙醇，获得了不同的辣木叶提取物。三种不同的提取物对肝癌细胞均表现出浓度依赖的致死作用。其中，与 $1\mu g$、$5\mu g$、$10\mu g$ 和 $20\mu g$ 的辣木叶冷水提取物共培养 24h 后，肝癌细胞致死率分别为 19%、38%、52% 和 69%；与 $1\mu g$、$5\mu g$、$10\mu g$ 和 $20\mu g$ 的辣木叶热水提取物共培养 24h 后，肝癌细胞致死率分别为 35%、64%、73% 和 81%；与 $1\mu g$、$5\mu g$、$10\mu g$ 和 $20\mu g$ 的辣木叶乙醇提取物共培养 24h 后，肝癌细胞致死率分别为 23%、45%、61% 和 76%。辣木叶的热水和乙醇提取物均表现出较好的肝肿瘤抑制能力，因此辣木叶中可溶于热水和乙醇的活性成分可被用于肝肿瘤药物的制备。

Sinha 等[164]研究了辣木叶水醇提取物对电离辐射导致的肝损伤的保护作用。研究者对以 300mg/kg BW 剂量连续口服 15d 辣木叶提取物的处理组小鼠和未口服的对照组小鼠进行 4h 的 ^{60}Co γ-辐照。对于对照组小鼠的免疫印迹及生物化学检测显示，辐照导致小鼠肝脏的 NF-κB 及脂质过氧化水平升高，同时 SOD、CAT、GSH 及 FRAP 活性均降低。而对处理组小鼠的检测结果说明，服用辣木叶提取物后，小鼠肝脏的 NF-κB 及脂质过氧化维持在正常水平，而 SOD、CAT、GSH 及 FRAP 活性均得到了改善。此研究结果证实，辣木叶提取物具有预防 γ-辐照导致的肝损伤的功能，这一功能可能与辣木叶提取物清除自由基从而缓解 γ-辐照造成的氧胁迫有关。

Fakurazi[165]采用超临界萃取方法获得了辣木不同部位的提取物。生物学测定显示，辣木花提取物中酚类物质的含量和抗氧化能力高于辣木叶提取物。在治疗由对乙酰氨基酚诱导肝毒性的研究中，将两种超临界提取物按照 200mg/kg 和 400mg/kg 灌胃给食用对乙酰氨基酚 1h 后的小鼠，并对其肝活性指标丙氨酸转氨酶、肝损伤指标如 MDA、4-羟基壬烯酸蛋白含量及抗氧化酶类活性进行测定。结果显示，经肝毒素处理后，小鼠肝脏内 MDA、4-羟基壬烯酸蛋白含量显著降低，抗氧化酶类如 SOD、CAT 和 GSH 活性降低。而口服辣木萃取物后，相关指标值得到显著改善。研究结果表明辣木叶、辣木花超临界提取物具有一定护肝作用。

脂肪肝是指由于各种原因引起的肝细胞内脂肪堆积过多的病变，其发展可引发多种并发症，是仅次于病毒性肝炎的第二大肝病，正严重威胁人类的健康。Das 等[166]研究了辣木叶提取物对于高脂饮食导致的早期肝损伤的改善作用。结果显示，由高脂饮食造成的丙氨酸、天冬氨酸转氨酶和碱性磷酸酶在肝脏中的积累在喂食辣木叶提取物后得到了显著缓解。GSH 和 FRAP 显著升高并降低了肝脏内 MDA 水平，这证实了辣木叶提取物对于高脂饮食造成的肝损伤具有预防和辅助治疗的功效。

Waterman 等[167]研究发现，高异硫氰酸盐含量的辣木提取物对于肝脏糖异生具有抑制作用。喂食该提取物后大鼠血浆中胰岛素、瘦蛋白、抵抗素、CHOL 等含量显著下降。分子水平检测发现，辣木叶提取物中异硫氰酸盐通过抑制葡萄糖 6 磷酸酶的表达，降低了肝脏中糖异生水平。

肝癌是世界范围内发病率最高的癌症之一，严重威胁人类健康，辣木被发现对于肝细胞癌具有预防作用。Sadek 等[168]的研究显示，为二乙基亚硝胺引发肝癌的小鼠喂食辣木乙醇提取物后，肝细胞瘤的扩散显著被抑制，正常细胞比例升高。此外，血清的生物学异常得到改善，肝脏中羟基脱氧鸟苷水平显著降低，这说明辣木对于肝癌具有预防和辅助治疗的功效。

张幸怡等研究了辣木叶粉对 SD 大鼠生长性能、血液生化指标、血液与肝脏抗氧化及免疫指标的影响[169]。研究选取体重相近的雄性 SD 大鼠，随机分为灌胃等容积生理盐水的对照组，以及灌胃辣木叶粉悬浊液剂量分别为 0.45g/kg、0.9g/kg、1.8g/kg 和 3.6g/kg BW 的实验组，预饲 3d，连续灌胃 21d 后，摘眼球取血，处死，摘取脏器称重，所有样品用于抗氧化和免疫指标的检测。结果显示，辣木叶粉能够有效降低血液中的 CHOL、TG、尿素氮（BUN）和肌酐（CREA）含量（$p<0.05$），提高大鼠血液及肝脏的 CAT 和 GSH-Px 活力，降低 MDA 的含量（$p<0.05$）。与对照组相比，实验组血液中免疫球蛋白 A（IgA）和 IgG 的含量显著升高（$p<0.05$）。另外，血液及肝组织中的抗炎因子 IL-10 的含量均显著升高，血液中促炎因子 IL-1β、IL-6 以及肝组织中的白细胞介素-17（IL-17）的含量显著降低（$p<0.05$）。实验结果表明，辣木叶粉对大鼠生长性能无明显促进作用，但可有效降低血液中血脂、BUN 和 CREA 的含量，提高肾小球的滤过率，改善大鼠血液生化指标，提高 SD 大鼠血液及肝脏的抗氧化活性及免疫能力。

二、辣木对肾脏的保护作用

Karadi 等[170]研究了辣木根茎对于乙二醇诱发的大鼠肾结石的治疗作用。研究者先为大鼠喂食乙二醇，导致大鼠患高草酸尿症病，肾脏中钙升高和磷酸盐聚集。然后分别以辣木根茎的水和乙醇提取物喂食患病大鼠。辣木根茎提取物显著降低了大鼠尿液中草酸盐含量，这证明该辣木提取物对于大鼠内生性草酸盐合成具有调节活性。同时，预防和治疗的喂食方法均显著降低了大鼠肾脏中结石的形成，这说明辣木根茎提取物具有抗肾结石活性。

在 Omodanisi 等[171]对于糖尿病导致的肾损伤大鼠的研究中，喂食辣木甲醇提取物使患病鼠血液中白细胞、血球素和总蛋白含量升高，MDA 含量降低，使 SOD、CAT、GSH 和 GSH-Px 活性升高，抗 TNF-α 和 IL-6 水平升高，这说明辣木含有有效的植物化学成分，可以对糖尿病诱发的肾损伤提供保护，因此起到了减少糖尿病并发症的作用。

Ouédraogo 等[172]对于辣木叶对庆大霉素导致的兔子肾损伤的保护作用进行了报道。对于实验兔子的肝脏组织学检测表明，辣木叶提取物显著降低了血清中尿素和 CREA 含量，同时显著降低了肝脏中脂质过氧化水平。研究结果证实，辣木叶水醇提取物对于肾损伤具有修复作用。

第九节　新资源食品辣木及其安全性评价

2012 年，国家卫生部批准辣木叶作为新资源食品（2012 年第 19 号文件）[173]，标志着辣木在我国作为食品原料正式进入应用阶段。

一、新资源食品

在我国，新研制、新发现、新引进的无食用习惯的，符合食品基本要求的食品称为新资源食品。《新资源食品管理办法》于 2006 年 12 月 26 日经卫生部部务会议讨论通过，目的是加强对新资源食品的监督管理，保障消费者身体健康。该办法自 2007 年 12 月 1 日起施行。2013 年 5 月 31 日，国家卫生和计划生育委员会令第 1 号公布《新食品原料安全性审查管理办法》（以下简称《办法》），该《办法》第二十四条决定，废止原卫生部 2007 年 12 月 1 日公布的《新资源食品管理办法》[174]。

新资源食品共分为四大类。第一类：在我国无食用习惯的动物、植物和微生物。具体是指以前我国居民没有食用习惯，经过研究发现可以食用的对人体无毒无害的物质。动物是指禽畜类、水生动物类或昆虫类，如蝎子等；植物是指豆类、谷类、瓜果菜类，如金花茶、仙人掌、芦荟等；微生物是指菌类、藻类，如某些海藻。第二类：以前我国居民无食用习惯的从动物、植物、微生物中分离出来的食品原料，具体包括从动、植物中分离，提取出来的对人体有一定作用的成分，如植物甾醇、糖醇、氨基酸等。第三类：在食品加工过程中使用的微生物新品种，例如加入到乳制品中的双歧杆菌、嗜酸乳杆菌等。第四类：因采用新工艺生产，导致食物原有成分或结构发生改变的食品原料，例如转基因食品等[175]。

早在 1987 年，卫生部就颁布了第一部《新资源食品管理办法》，此后《新资源食品管理办法》已经历三次修订。新办法的最大变化是，在新资源食品的审批过程中，引入了发达国家采用的危险性评估与实质等同的原则。今后卫生健康委员会（原卫生部）对批准的新资源食品将以名单形式公告，并根据食用情况，适时公布新资源食品转为普通食品的名单。

（一）新资源食品及国内外管理现状

新资源食品作为无安全食用历史或仅在局部地区有食用历史的非传统食品，由于对其安全性认识不足，为保证消费者健康，为了规范新资源食品审批工作，卫生部依据相关法律要求，多次制定并发布新资源食品相关法规、文件。1987年卫生部发布《新食品资源卫生管理办法》，对新资源食品审批工作程序做出了具体要求，1990 年卫生部对《新食品资源卫生管理办法》进行了修订，改名为《新资源食品卫生管理办法》，同时制定了《新资源食品审批工作程序》，对新资源食品审批工作进行了进一步强调和细化[176]。为了适应日益发展的食品市场监管需求，2004 年卫生部再次启动了《新资源食品管理办法》的修订工作，历经 3年多的调查和研究，于 2007 年 12 月 1 日颁布实施。2007 版《新资源食品管理办法》与 1990 版管理办法相比主要有以下几个变化。一是新资源食品的概念范围的变化，明确了新资源食品的范围包括：①在我国无食用习惯的动物、植物、微生物；②从动物、植物、微生物中分离的在我国无食用习惯的食品原料；③在食品加工过程中使用的微生物新品种；④因采用新工艺生产导致原有成分或者结构发生改变的食品原料。二是审批模式的改变，从原来单个产品审批发证变为以名单形式向社会公告。三是引入了实质等同概念，即与公告名单具有实质等同性的新资源食品不必再行申请。四是取消了批准后 2 年试生产期后再申请转为正式生产的程序，改为批准后即可正式生产。虽然新版与旧版相比有很多变化，但是从管理模式上仍然延续了对产品需要先进行安全性评估、再进行行政批准、而后方可生产和使用的程序。为了加强新资源食品安全性评价和申报受理工作，原卫生部又组织制定了系列配套法规文件，包括《新资源食品安全性评价规程》和《新资源食品卫生许可申报与受理规定》。该办法规定新资源食品为食品新资源，系指在我国新研制、新发现、新引进的无食用习惯或仅在个别地区有食用习惯的、符合食品基本要求的物品[177]。即新资源食品管理包括食品新资源即新食品原料，也包括以食品新资源制成的食品，且新资源食品在获准正式生产前，必须经过试生产阶段。新资源食品试生产期为两年。公告内容包括基本信息、生产工艺简述、食用量、质量规格等内容。2013 年 10 月 15 日，国家卫生和计划生育委员会以国卫食品发〔2013〕23 号印发《新食品原料申报与受理规定》（以下简称《规定》）。该《规定》分总则、申请材料的一般要求、材料的编制要求、审核与受理 4 章 24 条，自发布之日起实施。以往有关文件与本规定不一致的，以本规定为准。原卫生部《新资源食品安全性评价规程》和《新资源食品卫生行政许可申报与受理规定》予以废止[178]。

新资源食品安全性评价采用危险性评估和实质等同原则，卫生健康委员会组织新资源食品专家评估委员会负责新资源食品安全性评价工作。新资源食品安全性评价是新资源食品的特征、食用历史、生产工艺、质量标准、主要成分及含量、使用范围和使用量、推荐摄入量、适宜人群、卫生学、毒理学资料、国内外相关安全性文献资料的综合评价。一种新的原料或成分能否作为新资源食品，其安全性评价应涉及包括毒理学试验资料在内的多个方面，如原料来源的安全性；传统食用历史情况，包括食用人群、食用剂量、食用频率、食用的人群有无不良反应报道；生产工艺是否安全合理，是否有有害物质生成和溶剂残留；质量标准中理化指标和微生物污染指标及杂质是否符合国家有关标准；其成分中是否含有对人体有害的成分及含量如何；该食品原料的用途、在食品中的应用范围是否科学合理；毒理学试验资料，包括急性、致突变试验、亚急性和亚慢性及慢性试验资料、致癌试验、繁殖和致畸试验等及相关安全性文献检索资料是否提示其有急性、慢性、致突变、致癌、致畸及生殖发育等毒性作用，微生物的安全性评价还要对其生物学特征、遗传稳定性、致病性和毒力试验资料等进行评估。通过以上多方面的综合评估，最终确定新资源食品在一定摄入水平下作为食品的食用安全性[179]。

对于不同情况的特定新资源食品，毒理学试验要求也有不同[180,181]。例如：对于国内外均无食用历史的动物、植物和从动物、植物及其微生物中分离的以及新工艺生产的导致原有成分或结构发生改变的食品原料，原则上应进行急性经口毒性试验、三项致突变试验（包括 Ames 试验、小鼠骨髓细胞微核试验和小鼠精子畸形试验或睾丸染色体畸变试验）、90d 经口毒性试验、致畸试验和繁殖毒性试验、慢性毒性和致癌试验及代谢试验。

对于仅在国外个别国家或国内局部地区有食用历史的动物、植物和从动物、植物及其微生物中分离的以及新工艺生产的导致原有成分或结构发生改变的食品原料，原则上应进行急性经口毒性试验、三项致突变试验、90d 经口毒性试验、致畸试验和繁殖毒性试验。但若根据有关文献资料及成分分析，未发现有毒性作用和有较大数量人群长期食用历史而未发现有害作用的新资源食品，可以先评价急性经口毒性试验、三项致突变试验、90d 经口毒性试验和致畸试验，根据新资源食品评估委员会评审结论，验证或补充毒理学试验进行评价。

国内外均无食用历史且直接供人食用的微生物，应进行急性经口毒性试验/致病性试验、三项致突变试验、90d 经口毒性试验、致畸试验和繁殖毒性试验。仅在国外个别国家或国内局部地区有食用历史的微生物，应进行急性经口毒性试验/致病性试验、三项致突变试验、90d 经口毒性试验；已在多个国家批准食用的微生物，可进行急性经口毒性试验/致病性试验、二项致突变试验。

国内外均无使用历史的食品加工用微生物，应进行急性经口毒性试验/致病性试验、三项致突变试验和 90d 经口毒性试验。仅在国外个别国家或国内局部地区有使用历史的食品加工用微生物，应进行急性经口毒性试验/致病性试验和三项致突变试验。已在多个国家批准使用的食品加工用微生物，可仅进行急性经口毒性试验/致病性试验。作为新资源食品申报的细菌应进行耐药性试验。申报微生物为新资源食品的，应当依据其是否属于产毒菌属来进行产毒能力试验。大型真菌的毒理学试验要按照植物类新资源食品进行试验。根据新资源食品评估委员会对申报资料的评审结论，验证或补充毒理学试验。另外，根据新资源食品可能潜在的危害，必要时需选择其他敏感试验或敏感指标进行毒理学试验评价。

世界其他发达地区也通过制定相关的法规来对新资源食品进行规范化的管理。欧洲是国际上最早对新资源食品进行规范管理的地区，于 1989 年提出了第一个关于在全欧洲范围内控制新资源食品、食品成分和加工过程的议案，但成员国没能在有关细节上达成一致。1990 年，英国、比利时和荷兰开始制定国内的审评体系。1996 年 9 月，美国转基因大豆和玉米的污染导致了欧洲权威机构和议会的恐慌。1996 年 10 月，议案在议会里迅速通过。1997 年 1 月 27 日通过欧盟258/97 法案，对新资源食品和食品成分的审批、标签做出相关规定。1997 年 5 月生效[182]。

欧盟 258/97 法案对于新资源食品的定义如下所述。1997 年 5 月 15 日以前没有在市场上消费的食品和食品成分，包括：含有转基因生物的食品和食品成分；由转基因生物生产的食品和食品成分；主要结构是新的或者有目的改造的食品和食品成分；含有或从微生物、真菌或藻类中分离的食品或食品成分；含有或从具有安全食用史的传统动、植物中分离的食品或食品成分；因新型食品加工过程导致原有成分结构、营养价值发生改变的食品或食品成分。此外，法案规定在 1997 年 5 月 15 日以前消费的食品、食品添加剂、调味品和提取溶剂不属于新资源食品[183]。

欧盟对于新资源食品的安全性评价要求提交以下相关资料内容：名称；来源（动物、植物和微生物或化学合成）；生产和加工方法；食用史；质量标准；成分分析，包括营养成分分析、天然毒素和抗营养因子等；目的和预期用途；营养评价，包括生物利用度、营养素摄入水平；毒理资料，包括毒物动力学、遗传毒性、致敏性、微生物致病性、90d 喂养实验、繁殖和致癌研究、人群试食试验。具体的审批程序包括：首先向拟销售的成员国提交，同时向欧盟委员会提交申请副本，由拟进行销售的成员国初审，再由各成员国循环评审，欧洲委员会进行终审。如果申报的新资源食品与已批准的新资源食品具有实质等同性（从来源、成分、工艺、营养价值和预期应用等方面），则可简化审批程序。进入等同性程序需要先向拟销售成员国递交证明以及与市场上已批准的新食品实质等同性的资料，获得认可后通知欧盟委员会，欧盟委员会再通知其他成员国审评及认可。

公认安全（Generally recognized as safe，GRAS）是美国食品与药物管理局（FDA）特有的评审程序[184]，由权威专家组来确定物质的安全性。其认证依据主要包括：①科学依据，主要是公开文献发表的资料，需有足够发表在专业学术期刊上的安全数据来确定原料的安全性；②过去的食用历史。正常的申请审批程序为：公司向 FDA 递交公示，提交材料包括理化性质和质量标准、该物质的应用（目的、应用、使用量）和判定 GRAS 的依据（包括毒理资料、可以接受的每日最高摄入量和实际估计摄入量）等相关资料，说明该物质预期应用是GRAS。FDA审批结果包括没有质疑GRAS制定的依据和认为该申请没有提供GRAS认证的充分依据；在申请者的要求下，FDA可停止评估GRAS公示。

总之，大部分新资源食品由于属于没有食用历史的食品，一些国家制定了新资源食品管理法规。尽管各国新资源食品定义及相关规定有不同，但实质是大体相似的，即均需要对新资源食品上市前的安全性进行严格评估。随着食品工业的发展，新的食品原料不断增加，按照我国《新资源食品管理办法》，任何在我国没有食用历史的物质均需要到卫生健康委员会进行申报和审批，卫生健康委员会批准公告的新资源食品方能作为食品原料应用。

（二）我国新资源食品审批概况

从1987年第一部《食品新资源卫生管理办法》发布实施至今，我国新资源食品监督管理经历了20多年的发展与实践，在这20多年的时间里，随着法律、法规的不断修订和国务院有关部门职能的不断调整，新资源食品审批情况也在不断发生着变化，基本上经历了以下4个阶段[175,185]。

（1）《食品新资源卫生管理办法》发布实施后（1987—1997年）　20世纪80年代，随着改革开放进程的推进，食品工业领域内新的食品类别不断出现。按照《中华人民共和国食品安全法（试行）》有关规定，卫生部于1987年发布实施了《食品新资源卫生管理办法》，从此启动了对新资源食品的审批管理工作。截至1997年的10年间（由于审批工作的延迟性，1996年前申请的产品1997年才获得批准），卫生部共审核批准了312个新资源食品，全部为终产品形式，例如少林可乐、天府可乐、851口服液等都是那个时期新资源食品的代表性产品。其中不乏具有一定保健功能的食品。由于当时我国尚未制定保健食品管理法规，为了对具有保健作用的食品进行有效管理，这类产品当时只能以新资源食品审批渠道获得合法身份。按照当时的管理办法，批准的312个产品均为试生产，2年后申请转为正式生产的产品仅有66个，仅占批准总数的20%。

（2）保健食品管理办法发布实施后（1998—2003年）　1995年，《中华人民共和国食品卫生法》（以下简称《食品卫生法》）发布实施后，首次提出了我国对保健食品实施审批管理制度。根据《食品卫生法》规定，卫生部于1996年又发布实施了《保健食品管理办法》，卫生部开始了保健食品的审批工作。自此以后，随着保健食品的审批工作逐步铺开，之前具有一定保健作用的产品有了真正合理、合法的审批渠道后，新资源食品审批基本上处于停滞状态。据统计，1998—2003 年卫生部没有审批过一个新资源食品。

（3）保健食品审批职能划转后（2004—2007 年）　2003 年，国家对有关部门职能进行调整，保健食品审批职能由卫生部划转到国家食品药品监督管理局，但是新资源食品的审批职能仍然由卫生部负责。至此，新资源食品审批从之前的产品审批逐步向原料审批过渡。2004—2007 年卫生部共批准试生产的新资源食品 32 个，申请转为正式生产的新资源食品 10 个，其中食品原料形式的产品有 9 个，而终产品形式的产品只有 1 个[186]。

（4）《新资源食品管理办法》发布实施后（2008 年至今）　2007 年 12 月 1 日《新资源食品管理办法》发布实施，从此开启了我国新资源食品审批工作新的一页。此后审批的新资源食品明确定位在食品原料上，审核过程采用风险性评估原则，批准后以名单形式发布公告，对于相同产品不需再次申请，采用实质等同原则即可生产。2008 年以来，按照新资源食品管理办法批准并公告的新资源食品共有 50 个，全部为食品原料形式。

（三）新资源食品与保健品的区别

从定义范围来讲，新资源食品系指在我国新发现、新研制（含新工艺和新技术）或新引进的无食用习惯或仅在个别地区有食用习惯的食品或食品原料。保健品系指声称具有特定保健功能或者以补充维生素、矿物质为目的的食品，即适宜于特定人群食用，具有调节机体功能，不以治疗为目的，并且对人体不产生任何急性、亚急性或者慢性危害的食品。审批新资源食品由国家卫生部门负责，批文格式为"卫新食准字（）第××号"，保健品则由国家市场监督管理总局（原国家食品药品监督管理局）负责，批文格式为"国食健字 G×××××"。对于新资源食品的功能，限定为新资源食品的标签和说明书，禁止以任何形式宣传或暗示疗效及保健作用；对于保健食品功能，限定为保健食品的功能，只能在限定的 18 种功能范围内，不允许任意扩大。对于所针对的功能人群，新资源食品适宜任何人群食用，而保健食品则只适宜某个或几个功能失调的特定人群食用，对该项功能良好的人无必要食用。从具体审批要求来讲，新资源食品审批要求生产经营企业在投产半年前，必须提出该产品卫生评价和营养评价所需的资料，包括理化性质

（成分分析、杂质、有害物质的鉴定）、安全性毒理学评价、质量标准草案、生产工艺、使用范围、用量、残留（或迁移）量及检验方法，营养评价包括营业成分、消化吸收和生物学效应；而保健食品则要求保健食品生产企业在投产半年前必须将该保健食品向国家市场监督管理总局注册审批，注册前必须在国家市场监督管理总局确定的检验机构进行安全毒理学实验、功能学实验（包括动物试验和/或人体试验）、稳定性试验等，产品的说明书内容必须真实，该产品的功能和成分必须与说明书一致[187,188]。

二、辣木的安全性评价

对于辣木的安全性评价，目前国外已经进行过大量相关的研究，这些安全性数据为辣木获批新资源食品提供了大量原始数据。

Adedapo 等[189]对辣木叶水提取物对于大鼠模型的口服毒性以及对大鼠血液、生物化学及组织学的亚急性毒性指标进行了测定和评价。在急性毒力实验中，摄取量高达 2000mg/kg 的辣木叶水提取物未造成任何小鼠的中毒死亡。血液指标显示，口服摄取 400mg/kg、800mg/kg 和 1600mg/kg 的小鼠在血细胞（RBC）总数、细胞压缩体积（PCV）、（HB）百分比、平均红细胞体积（MCV）、平均红细胞血红蛋白浓度（MCHC）、白血球（WBC）总数和 WBC 分类方面有显著差异，但其对血小板含量无影响。生化指标测定结果显示，口服不同剂量的辣木叶提取物提高了小鼠的蛋白质总含量、降低了肝中转氨酶活性和胆红素含量。临床病理学检测显示，轻度剂量的辣木叶水提取物并未对各器官造成可检测到的影响。这一研究结果证实了辣木叶应用于膳食和药物的安全性。

Asare 等[53]在几种不同的实验系统中评估了辣木叶水提取物潜在的毒性。在一组实验中，使用分级剂量的提取物对人外周血单核细胞进行处理并对其细胞毒性进行了评估。结果显示，细胞毒性发生在口服摄入不能达到的浓度 20mg/kg。在另一组实验中，让大鼠口服摄取 1000mg/kg 和 3000mg/kg 的提取物，并对大鼠进行长达 14d 的观察评估。血细胞分析显示摄入辣木叶提取物剂量为 3000mg/kg 时会对大鼠产生遗传毒性，大大超过一般使用剂量；而 1000mg/kg 的口服剂量被认为是安全的。当按此剂量喂食大鼠时，不会产生遗传毒性，而此剂量仍然超过常用剂量。

Awodele 等[190]在小鼠模型中对辣木叶水提取物的毒性进行了评估。在急性毒性评估中，给予小鼠口服剂量高达 6400mg/kg，腹腔注射剂量为 1500mg/kg；在亚慢性研究中，小鼠接受了 250mg/kg、500mg/kg 和 1500mg/kg 剂量，口服 60d。致死剂量的 50%（Ld_{50}）约为 1585mg/kg，人们在小鼠血液、生物化学参数、精子质量方面没有观察到显著的改变，口服给药表现了出较高的安全程度。

Oyagbemi 等[191]对 30 只大鼠给予剂量分别为 50、100、200mg/kg 和 400mg/kg 的辣木叶甲醇提取物，连续喂食 8 周，对其毒性影响进行评估。结果显示，所有大鼠体重增加量随着剂量的增大而降低，与观察到的水提取物结果相反[189]。以 200mg/kg 和 400mg/kg 剂量喂食的大鼠，血清丙氨酸氨基转移酶、天冬氨酸氨基转移酶、血液 BUN 和 CREA 的水平显著上升。

Bakre[192]对于辣木叶乙醇提取物对于小鼠的半数致死剂量进行了研究，发现辣木叶乙醇提取物对于小鼠的半数致死剂量大于 6.4g/kg。Zvinorova[193]对于刚断乳小鼠的研究显示，以 14% 或 20% BW 剂量喂食辣木叶提取物对于小鼠的血液代谢物含量、肝糖元和脂质含量无明显影响。

Gyekye[194]分别研究了一次性喂食 5000mg/kg 和连续喂食 1000mg/kg 14d 辣木叶乙醇提取物对于小鼠的毒性作用，发现小鼠无明显不良症状和组织病理学变化。同时作者指出，1000mg/kg 的剂量相当于给予 80kg 的成人服用 12g。

Rolim[195]基于辣木籽乙醇提取物的基因毒性所进行的研究表明辣木籽提取物对于人体无基因毒性。对于辣木叶乙烷提取物的毒理学研究也证实了辣木的安全性。Cajuday[196]以 17mg/kg、170mg/kg 和 1700mg/kg 剂量连续喂食小鼠 21d，小鼠睾丸、附睾、输精管直径和附睾上皮细胞厚度呈剂量依赖型增长，而血浆中促性腺激素含量无明显变化，这验证了辣木的生殖安全性。

Araújo 等[197]用辣木籽水提取物以 500mg/kg 和 2000mg/kg 连续喂食小鼠 14d 后，没有发现明显的中毒症状，且没有检测到明显的器官指数变化，红细胞、血小板、血球素和血细胞容积有细微差异，但都处于正常值范围内。

Ajibade 等[199]和 Paul 等[198]用大鼠分别对辣木籽甲醇提取物的急性和亚急性毒性进行了评估。虽然 4000mg/kg 剂量可导致大鼠呈现显著的急性毒性，致死剂量为 5000mg/kg，但以 3000mg/kg 的剂量作用于大鼠，没有检测到大鼠的中毒症状，这证明辣木作为营养补充剂应用的安全性[165]。

综上所述，基于动物、人体和体外的研究，以及对于这些研究结果的推断，可以认为辣木的不同提取物均展现了非常安全的特性和优秀的应用潜力。

参考文献

[1] Park E-J,Cheenpracha S,Chang L C,et al.Inhibition of Lipopolysaccharide-Induced Cyclooxygenase-2 and Inducible Nitric Oxide Synthase Expression by 4-[(2′-O-acetyl-α-L- Rhamnosyloxy)Benzyl]Isothiocyanate from *Moringa oleifera*[J].Nutrition and Cancer,2011,63(6):971-982.

[2] Abrogoua D P,Dano D S,Manda P,et al.Effect on blood pressure of a dietary supplement containing traditional medicinal plants of Côte d'Ivoire[J].Journal of Ethnopharmacology,2012,141(3):840-847.

[3] Farooq F,Rai M,Tiwari A,et al.Medicinal properties of *Moringa oleifera*:An overview of promising healer[J].Journal of Medicinal Plant Research,2012,6(27):4368-4374.

[4] 罗晓波,汪开毓,吉莉莉,等.辣木叶的价值及其开发利用研究进展[J].资源开发与市场,2016,32(11):1362-1366.

[5] Atsukwei D.Hypolipidaemic Effect of Ethanol Leaf Extract of *Moringa oleifera* Lam. in Experimentally induced Hypercholesterolemic Wistar Rats[J].International Journal of Nutrition and Food Science,2014,3(4):355.

[6] Divi S M,Bellamkonda R,Dasireddy S K.Evaluation of antidiabetic and antihyperlipedemic potential of aqueous extract of *Moringa oleifera* in fructose fed insulin resistant and STZ induced diabetic wistar rats:A comparative study[J].Asian Journal of Pharmaceutical & Clinical Research,2012,5(1):67-72.

[7] Chumark P,Khunawat P,Sanvarinda Y,et al.The in vitro and ex vivo antioxidant properties,hypolipidaemic and antiatherosclerotic activities of water extract of *Moringa oleifera* Lam. leaves [J]. Journal of Ethnopharmacology, 2008, 116(3):439-446.

[8] Rajanandh M G,Satishkumar M N,Elango K,et al.*Moringa oleifera* Lam.A herbal medicine for hyperlipidemia:A pre-clinical report[J].Asian Pacific Journal of

127

Tropical Disease,2012,2(2):S790-S795.

[9] Okwari O O.Anti-Hypercholesterolemic and Hepatoprotective effect of Aqueous Leaf Extract of *Moringa oleifera* in Rats fed with Thermoxidized Palm Oil Diet[J]. Iosr Journal of Pharmacy & Biological Sciences,2013,8(2):57-62.

[10] Parikh N H,Parikh P K,Kothari C.Indigenous plant medicines for health care: treatment of Diabetes mellitus and hyperlipidemia[J].Chinese Journal of Natural Medicines,2014,12(5):335-344.

[11] Mbikay M.Therapeutic Potential of *Moringa oleifera* Leaves in Chronic Hyperglycemia and Dyslipidemia: A Review [J]. Frontiers in Pharmacology, 2012, 3 (24):24.

[12] Ghasi S,Nwobodo E,Ofili J O.Hypocholesterolemic effects of crude extract of leaf of *Moringa oleifera* Lam in high-fat diet fed wistar rats[J].Journal of Ethnopharmacology,2000,69(1):21.

[13] 杨倩,田雪梅,张晓文,等.辣木提取物降脂作用的研究[J].食品安全质量检测学报,2017,8(3):963-967.

[14] Jain P G,Patil S D,Haswani N G,et al.Hypolipidemic activity of *Moringa oleifera* Lam.,Moringaceae,on high fat diet induced hyperlipidemia in albino rats[J].Revista Brasileira De Farmacognosia,2010,20(6):969-973.

[15] Ara N,Rashid M.Comparison of *Moringa oleifera* leaves extract with atenolol on serum triglyceride,serum cholesterol,blood glucose,heart weight,body weight in adrenaline induced rats [J]. Saudi Journal of Biologicalences, 2008, (2): 253-258.

[16] 刘凤霞,王苗苗,赵有为,等.辣木中功能性成分提取及产品开发的研究进展[J].食品科学,2015,36(19):282-286.

[17] Jolliffe N.Fats,cholesterol,and coronary heart disease;a review of recent progress [J].Circulation,1959,20(1):109.

[18] Mehta K,Balaraman R,Amin A H,et al.Effect of fruits of *Moringa oleifera* on the lipid profile of normal and hypercholesterolaemic rabbits[J].Journal of Ethnopharmacology,2003,86(2):191-195.

[19] Aliothman A A,Alkahtani H A,Hewedy F M,et al.Plasma lipid profiles of rats fed

seed oils of *Moringa Peregrina* and *Salicornia* [J]. Journal of Applied Nutrition, 1998.

[20] Hammam M A, Kalil G A, El-Sayed S M, et al. Effects of *Moringa oleifera* Lam (Moringaceae) Seeds in rats fed with high fat diet[J].

[21] Akinloye O. Evaluation of hypolipidemic and potential antioxidant effects of Pigeon pea (Cajanus cajan (1) mill sp.) leaves in alloxan-induced hyperglycemic rats [J]. Journal of Medicinal Plants Research, 2011, 5(12): 2521-2524.

[22] Tahiliani P, Kar A. Role of *Moringa oleifera* leaf extract in the regulation of thyroid hormone status in adult male and female rats [J]. Pharmacological Research, 2000, 41(3): 319-323.

[23] Mazumder U K, Gupta M, Chakrabarti S, et al. Evaluation of hematological and hepatorenal functions of methanolic extract of *Moringa oleifera* Lam. root treated mice[J]. Indian Journal of Experimental Biology, 1999, 37(6): 612-614.

[24] Saini R K, Sivanesan I, Keum Y S. Phytochemicals of *Moringa oleifera*: a review of their nutritional, therapeutic and industrial significance [J]. Biotech, 2016, 6 (2): 203.

[25] Gupta R, Mathur M, Bajaj V K, et al. Evaluation of antidiabetic and antioxidant activity of *Moringa oleifera* in experimental diabetes[J]. Journal of Diabetes, 2012, 4 (2): 164.

[26] Yassa H D, Tohamy A F. Extract of *Moringa oleifera* leaves ameliorates streptozotocin-induced Diabetes mellitus in adult rats[J]. Acta Histochemica, 2014, 116 (5): 844-854.

[27] Jaiswal D, Kumar R P, Kumar A, et al. Effect of *Moringa oleifera* Lam. leaves aqueous extract therapy on hyperglycemic rats [J]. Journal of Ethnopharmacology, 2009, 123(3): 392-396.

[28] Makonnen E, Hunde A, Damecha G. Hypoglycaemic effect of Moringa stenopetala aqueous extract in rabbits[J]. Phytotherapy Research, 1997, 11(2): 147-148.

[29] Aney J S, Tambe R, Kulkarni M, et al. Pharmacological and pharmaceutical potential of *Moringa oleifera*: a review[J]. Journal of Pharmacy Research, 2009.

[30] Tende J A, Ezekiel I, Dikko A a U, et al. Effect of ethanolic leaves extract of *Mor-*

inga oleifera on blood glucose levels of streptozocin-induced diabetics and normo-glycemic wistar rats[J]. British Journal of Pharmacology & Toxicology, 2011, 2 (1):1-4.

[31] Ghiridhari V V A, Malhati D, Geetha K. Anti-diabetic properties of drumstick (*Moringa oleifera*) leaf tablets[J]. International Journal of Health & Nutrition, 2011, 2(1).

[32] Ndong M, Uehara M, Katsumata S, et al. Preventive effects of *Moringa oleifera* (Lam) on hyperlipidemia and hepatocyte ultrastructural changes in iron deficient rats[J]. Bioscience Biotechnology & Biochemistry, 2007, 71(8):1826-1833.

[33] Mandapaka R T, Kukkamalla P K. Effect of *Moringa oleifera* on blood glucose, ldl levels in types Ⅱ diabetic obese people[J]. Innovative Journal of Medical & Healthence, 2013.

[34] Adisakwattana S, Chanathong B. Alpha-glucosidase inhibitory activity and lipid-lowering mechanisms of *Moringa oleifera* leaf extract[J]. European Review for Medical & Pharmacological Sciences, 2011, 15(7):803-808.

[35] Sholapur H N, Patil B M. Effect of *Moringa oleifera* bark extracts on dexamethasone-induced insulin resistance in rats[J]. Drug Research, 2013, 63 (10):527-531.

[36] Kumari J. Hypoglycaemic effect of *Moringa oleifera* and Azadirachta indica in diabetes mellitus[J], 2010.

[37] Stohs S J, Hartman M J. Review of the Safety and Efficacy of *Moringa oleifera*[J]. Phytotherapy Research Ptr, 2015, 29(6):796-804.

[38] Busari M B, Muhammad H L, Ogbadoyi E O, et al. Hypoglycaemic Properties of *Moringa oleifera* Lam Seed Oil in Normoglycaemic Rats[J]. Iosr Journal of Pharmacy & Biological Sciences, 2014, 9(6):23-27.

[39] Almalki A L, El Rabey H A. The antidiabetic effect of low doses of *Moringa oleifera* Lam. seeds on streptozotocin induced diabetes and diabetic nephropathy in male rats[J]. Biomed Research International, 2015, 2015:1-13.

[40] 陈瑞娇,朱必凤,王玉珍,等.辣木叶总黄酮的提取及其降血糖作用[J].食品与生物技术学报,2007,26(4):42-45.

［41］ Barakat H,Ghazal G A.Physicochemical properties of *Moringa oleifera* seeds and their edible oil cultivated at different regions in Egypt［J］.Food & Nutrition Sciences,2016,07(6):472-484.

［42］ Busari M,Muhammad H,Ogbadoyi E,et al.In vivo evaluation of antidiabetic properties of seed oil of *Moringa oleifera* Lam［J］,2015,2(4):160-174.

［43］ 任广旭,伊素芹,张鸿儒,等.辣木功效的研究现状［J］.食品研究与开发,2016,37(16):219-222.

［44］ 赵升强,卢锦熙,段海霞,等.辣木抗糖尿病研究进展［J］.亚太传统医药,2016,12(18):39-42.

［45］ 陈逸鹏,梁建芬.辣木叶功效及相关成分研究进展［J］.食品研究与开发,2016,37(14):201-205.

［46］ Faizi S,Siddiqui B S,Saleem R,et al.Hypotensive constituents from the pods of *Moringa oleifera*［J］.Planta Medica,1998,64(03):225-228.

［47］ Anwar F,Latif S,Ashraf M,et al.*Moringa oleifera*:a food plant with multiple medicinal uses［J］.Phytotherapy research,2007,21(1):17-25.

［48］ Shaheenásiddiqui B.Novel hypotensive agents,niazimin A,niazimin B,niazicin A and niazicin B from *Moringa oleifera*:Isolation of first naturally occurring carbamates［J］.Journal of the Chemical Society,Perkin Transactions 1,1994,(20):3035-3040.

［49］ Faizi S,Siddiqui B S,Saleem R,et al.Fully acetylated carbamate and hypotensive thiocarbamate glycosides from *Moringa oleifera*［J］.Phytochemistry,1995,38(4):957-963.

［50］ Gilani A H,Aftab K,Suria A,et al.Pharmacological studies on hypotensive and spasmolytic activities of pure compounds from *Moringa oleifera*［J］.Phytotherapy Research,1994,8(2):87-91.

［51］ Dangi S,Jolly C I,Narayanan S.Antihypertensive activity of the total alkaloids from the leaves of *Moringa oleifera*［J］.Pharmaceutical biology,2002,40(2):144-148.

［52］ Adedapo A A,Mogbojuri O M,Emikpe B O.Safety evaluations of the aqueous extract of the leaves of *Moringa oleifera* in rats［J］.Journal of Medicinal Plant Research,2009,3(8):586-591.

[53] Asare G A, Gyan B, Bugyei K, et al. Toxicity potentials of the nutraceutical *Moringa oleifera at supra*-supplementation levels[J].Journal of Ethnopharmacology,2012,139(1):265-272.

[54] Ambi A A,Abdurahman E M,Katsayal U A,et al.Toxicity evaluation of *Moringa oleifera* leaves[J],2011.

[55] Correa Araujo L C, Aguiar J S, Napoleao T H, et al. Evaluation of cytotoxic and anti-inflammatory activities of extracts and lectins from *Moringa oleifera* seeds [J].Plos one,2013,8(12).

[56] Arulselvan P,Tan W,Gothai S,et al.Anti-Inflammatory potential of ethyl acetate fraction of *Moringa oleifera* in downregulating the NF-κB signaling pathway in lipopolysaccharide-stimulated macrophages[J].Molecules,2016,21(12):1452.

[57] Cheenpracha S, Park E-J, Yoshida W Y, et al. Potential anti-inflammatory phenolic glycosides from the medicinal plant *Moringa oleifera* fruits[J].Bioorganic & Medicinal Chemistry,2010,18(17):6598-6602.

[58] Coppin J P,Xu Y,Chen H,et al.Determination of flavonoids by LC/MS and anti-inflammatory activity in *Moringa oleifera*[J].Journal of Functional Foods,2013,5 (4):1892-1899.

[59] Pachauri S D,Khandelwal K,Singh S P,et al.HPLC method for identification and quantification of two potential anti-inflammatory and analgesic agents-1,3-dibenzyl urea and aurantiamide acetate in the roots of *Moringa oleifera*[J].Medicinal Chemistry Research,2013,22(11):5284-5289.

[60] Gopalakrishnan L,Doriya K,Kumar D S.*Moringa oleifera*:A review on nutritive importance and its medicinal application[J].Food Science and Human Wellness,2016,5(2):49-56.

[61] 段琼芬,李钦,林青,等.辣木油对家兔皮肤创伤的保护作用[J].天然产物研究与开发,2011,23(1):159-162.

[62] Adedapo A A,Falayi O O,Oyagbemi A A.Evaluation of the analgesic,anti-inflammatory,anti-oxidant,phytochemical and toxicological properties of the methanolic leaf extract of commercially processed *Moringa oleifera* in some laboratory animals [J].Journal of basic and clinical physiology and pharmacology,2015,26(5):

491-499.

[63] Choi E-J,Debnath T,Tang Y,et al.Topical application of *Moringa oleifera* leaf extract ameliorates experimentally induced atopic dermatitis by the regulation of Th1/Th2/Th17 balance[J].Biomedicine & Pharmacotherapy,2016,84:870-877.

[64] Kalappurayil T M,Joseph B P.A review of pharmacognostical studies on *Moringa oleifera* Lam.flowers[J].Pharmacognosy Journal,2017,9(1):1-7.

[65] 王柯慧.辣木抗溃疡作用的研究[J].国外医学中医中药分册,1997,19(1):37.

[66] Ruckmani K,Kavimani S,Jayakar B,et al.Anti-ulcer activity of the alkali preparation of the root and fresh leaf juice of *Moringa oleifera* lam[J].Ancient Science of Life,1998,17(3):220-223.

[67] 董小英,唐胜球.辣木的营养价值及生物学功能研究[J].广东饲料,2008,17(9):39-41.

[68] Devaraj V C,Asad M,Prasad S.Effect of Leaves and Fruits of *Moringa oleifera* on Gastric and Duodenal Ulcers[J].Pharmaceutical Biology,2008,45(4):332-338.

[69] Debnath S,Biswas D,Ray K,et al.*Moringa oleifera* induced potentiation of serotonin release by 5-HT3 receptors in experimental ulcer model[J].Phytomedicine,2011,18:91-95.

[70] Swati S.Kansara M S.Evaluation of antiulcer activity of *Moringa oleifera* seed extract [J]. Journal of Pharmaceutical Science and Bioscientific Research Publication,2013,3(1):20-25.

[71] Choudhary M K,Bodakhe S H,Gupta S K.Assessment of the antiulcer potential of *Moringa oleifera* root–bark extract in rats [J]. Journal of Acupuncture and Meridian Studies,2013,6(4):214-220.

[72] Gholap P A,Nirmal S A,Pattan S R,et al.Potential of *Moringa oleifera* root and Citrus sinensis fruit rind extracts in the treatment of ulcerative colitis in mice[J].Pharmaceutical Biology,2012,50(10):1297-1302.

[73] Minaiyan M,Asghari G,Taheri D,et al.Anti–inflammatory effect of *Moringa oleifera* Lam. seeds on acetic acid–induced acute colitis in rats[J]. Avicenna journal of phytomedicine,2014,4(2):127-136.

[74] 杨东顺,樊建麟,邵金良,等.辣木不同部位主要营养成分及氨基酸含量比较

分析[J].山西农业科学,2015,43(9):1110-1115.

[75] Mahajan S G,Mali R G,Mehta A A.Protective effect of ethanolic extract of seeds of *Moringa oleifera* Lam.against inflammation associated with development of arthritis in rats[J].Journal of Immunotoxicol,2007,4(1):39-47.

[76] Mahajan S G,Meht A A.Anti-arthritic activity of hydroalcoholic extract of flowers of *Moringa oleifera* Lam.in Wistar rats[J].Journal of Herbs,Spices & Medicinal Plants,2009,15(2):149-163.

[77] Sashidhara K V,Rosaiah J N,Tyagi E,et al.Rare dipeptide and urea derivatives from roots of *Moringa oleifera* as potential anti-inflammatory and antinociceptive agents[J].European Journal of Medicinal Chemistry,2009,44(1):432-436.

[78] Manaheji H,Jafari S,Zaringhalam J,et al.Analgesic effects of methanolic extracts of the leaf or root of *Moringa oleifera* on complete Freund's adjuvant-induced arthritis in rats[J].Journal of Chinese integrative medicine,2011,9(2):216-222.

[79] Mart Nez-Gonz Lez C L,Mart Nez L,Mart Nez-Ortiz E N J,et al.*Moringa oleifera*,a species with potential analgesic and anti-inflammatory activities[J].Biomedicine & Pharmacotherapy,2017,87:482-488.

[80] Li B,Cui W,Liu J,et al.Sulforaphane ameliorates the development of experimental autoimmune encephalomyelitis by antagonizing oxidative stress and Th17-related inflammation in mice[J].Experimental Neurology,2013,250:239-249.

[81] Galuppo M,Giacoppo S,De Nicola G R,et al.Antiinflammatory activity of glucomoringin isothiocyanate in a mouse model of experimental autoimmune encephalomyelitis[J].Fitoterapia,2014,95:160-174.

[82] 姚莉韵,周金娥.六种印度植物抗炎和促伤口愈合作用的研究[J].国外医学.植物药分册,1995,10(4):164-166.

[83] Ezeamuzie I C,Ambakederemo A W,Shode F O,et al.Antiinflammatory effects of *Moringa oleifera* root extract[J].International Journal of Pharmacognosy,1996,34(3):207-212.

[84] Waterman C,Cheng D M,Rojas-Silva P,et al.Stable,water extractable isothiocyanates from *Moringa oleifera* leaves attenuate inflammation in vitro[J].Phytochemistry,2014,103:114-122.

［85］Fard M T,Arulselvan P,Karthivashan G,et al.Bioactive extract from *Moringa ole-ifera inhibits the pro*-inflammatory mediators in lipopolysaccharide stimulated macrophages［J］.Pharmacogn Mag,2015,11（Suppl 4）:S556-S563.

［86］Surh Y-J. Cancer chemoprevention with dietary phytochemicals［J］. Nature Reviews Cancer,2003,3（10）:768-780.

［87］Khalafalla M M,Abdellatef E,Dafalla H M,et al.Active principle from *Moringa oleifera* Lam leaves effective against two leukemias and a hepatocarcinoma［J］.African Journal of Biotechnology,2010,9（49）:8467-8471.

［88］Farooq A,Sajid L,Muhammad A,et al.*Moringa oleifera*:a food plant with multiple medicinal uses［J］.Phytotherapy Research,2007,21（1）:17-25.

［89］曹玉霖,何镇廷,朱彦锋.辣木的抗肿瘤活性及作用机制研究进展［J］.天然产物研究与开发,2016,28（11）:1845-1849.

［90］Murakami A,Kitazono Y,Jiwajinda S,et al.Niaziminin,a thiocarbamate from the leaves of *Moringa oleifera*,holds a strict structural requirement for inhibition of tumor-promoter-induced Epstein-Barr virus activation［J］.Planta Medica,1998,64（4）:319-323.

［91］Guevara A P,Vargas C,Sakurai H,et al.An antitumor promoter from *Moringa ole-ifera* Lam［J］.Mutation Research,1999,440（2）:181-188.

［92］Michl C,Vivarelli F,Weigl J,et al.The chemopreventive phytochemical moringin isolated from *Moringa oleifera* seeds inhibits JAK/STAT signaling［J］.Plos One,2016,11（6）:1-20.

［93］Sreelatha S,Jeyachitra A,Padma P R.Antiproliferation and induction of apoptosis by *Moringa oleifera* leaf extract on human cancer cells［J］.Food and Chemical Toxicology,2011,49（6）:1270-1275.

［94］Jung I L. Soluble extract from *Moringa oleifera* leaves with a new anticancer activity［J］.Plos One,2014,9（4）:1-11.

［95］Waiyaput W,Payungporn S,Issara-Amphorn J,et al.Inhibitory effects of crude ex-tracts from some edible Thai plants against replication of hepatitis B virus and hu-man liver cancer cells［J］.BMC complementary and alternative medicine,2012,12:246-252.

[96] Suphachai C.Antioxidant and anticancer activities of *Moringa oleifera* leaves[J]. Journal of Medicinal Plants Research,2014,8(7):318-325.

[97] Elsayed E A,Sharaf-Eldin M A,Wadaan M.In vitro evaluation of cytotoxic activities of essential oil from *Moringa oleifera* seeds on HeLa,HepG2,MCF-7,CACO-2 and L929 cell lines[J].Asian Pacific Journal of Cancer Prevention,2015,16(11):4671-4675.

[98] Jung I L,Lee J H,Kang S C.A potential oral anticancer drug candidate,*Moringa oleifera* leaf extract,induces the apoptosis of human hepatocellular carcinoma cells [J].Oncology Letters,2015,10(3):1597 - 1604.

[99] Tiloke C,Phulukdaree A,Chuturgoon A A.The antiproliferative effect of *Moringa oleifera* crude aqueous leaf extract on cancerous human alveolar epithelial cells [J].BMC complementary and alternative medicine,2013,13(1):226-233.

[100] Madi N,Dany M,Abdoun S,et al.*Moringa oleifera*'s nutritious aqueous leaf extract has anticancerous effects by compromising mitochondrial viability in an ROS-dependent manner[J].Journal of The American College of Nutrition, 2016,35(7):604-613.

[101] Kholid Alfan Nur H P F M,Asmah Susidarti E M.Ethanolic extract of *Moringa oleifera* L.increases sensitivity of WiDr colon cancer cell line towards 5-Fluorouracil[J].Indonesian Journal of Cancer Chemoprevention,2010,1(2):124-128.

[102] Tragulpakseerojn J,Yamaguchi N,Pamonsinlapatham P,et al.Anti-proliferative effect of *Moringa oleifera* Lam(Moringaceae)leaf extract on human colon cancer HCT116 cell line[J].Tropical Journal of Pharmaceutical Research, 2017,16(2):371-378.

[103] Al-Asmari A K,Albalawi S M,Athar M T,et al.*Moringa oleifera* as an anticancer agent against breast and colorectal cancer cell lines[J].Plos One,2015, 10(8):1-14.

[104] Bose C K.Possible role of *Moringa oleifera* Lam.root in epithelial ovarian cancer [J].Medscape General Medicine,2007,9(1):26-31.

[105] Hermawan A,Nur K A,Sarmoko,et al.Ethanolic extract of *Moringa oleifera* increased cytotoxic effect of doxorubicin on HeLa cancer cells[J].Journal of

Natural Remedies,2012,12(2):108-114.

[106] Berkovich L,Earon G,Ron I,et al.*Moringa oleifera* aqueous leaf extract down-regulates nuclear factor-kappaB and increases cytotoxic effect of chemotherapy in pancreatic cancer cells[J].BMC Complementary and Alternative Medicine,2013,13(1):212-219.

[107] Eilert U,Wolters B,Nahrstedt A.The antibiotic principle of seeds of *Moringa oleifera* and Moringa stenopetala[J].Planta Medica,1981,42(1):55-61.

[108] Caceres A,Cabrera O,Morales O,et al.Pharmacological properties of *Moringa oleifera*.1.Preliminary screening for antimicrobial activity[J].Journal of Ethnopharmacology,1991,33(3):213-216.

[109] M.B,C.S,S.C,et al.Flocculent activity of a recombinant protein from *Moringa oleifera* Lam. seeds[J].Applied Microbiology and Biotechnology,2002,60:114-119.

[110] Ferreira R S,Napoleao T H,Santos A F,et al.Coagulant and antibacterial activities of the water-soluble seed lectin from *Moringa oleifera*[J].Letters in applied microbiology,2011,53(2):186-192.

[111] Suarez M,Haenni M,Canarelli S,et al.Structure-function characterization and optimization of a plant-derived antibacterial peptide[J].Antimicrobial Agents and Chemotherapy,2005,49(9):3847-3857.

[112] 柯野,黄志福,曾松荣,等.辣木内生真菌产生抗菌物质的生物学特性研究[J].西北林学院学报,2007,22(1):31-33.

[113] Singh B N,Singh B R,Singh R L,et al.Oxidative DNA damage protective activity,antioxidant and anti-quorum sensing potentials of *Moringa oleifera*[J].Food and Chemical Toxicology,2009,47(6):1109-1116.

[114] Priya V,Abiramasundari P,Devi S G,et al.Antibacterial activity of the leaves,bark,seed and flesh of *Moringa oleifera*[J].International Journal of Pharmaceutical Sciences and Research,2011,2(8):2045-2049.

[115] 孔令钰,贺艳培,陶遵威,等.辣木生物活性的研究进展[J].天津药学,2015,27(2):57-59.

[116] Ratshilivha N,Awouafack M D,Du Toit E S,et al.The variation in antimicrobial

and antioxidant activities of acetone leaf extracts of 12 *Moringa oleifera* (Moringaceae) trees enables the selection of trees with additional uses [J]. South African Journal of Botany,2014,92:59–64.

[117] Patel N,Patel P,Patel D,et al.Phytochemical analysis and antibacterial activity of *Moringa oleifera* Lam [J]. International Journal of Medicine and Pharmaceutical Sciences,2014,4(2):27–34.

[118] Rahman M M,Sheikh M M I,Sharmin S A,et al.Antibacterial activity of leaves juice and extracts of *Moringa oleifera* Lam.against some human pathogenic bacteria[J]. Chiang Mai University Journal of Natural Sciences, 2009, 8 (2): 219–227.

[119] Peixoto J R,Silva G C,Costa R A,et al.In vitro antibacterial effect of aqueous and ethanolic *Moringa* leaf extracts[J].Asian Pacific journal of tropical medicine,2011,4(3):201–204.

[120] E.Abalaka M,Y.Daniyan S,B.Oyeleke S,et al.The antibacterial evaluation of *Moringa oleifera* leaf extracts on selected bacterial pathogens[J].Journal of Microbiology Research,2012,2(2):1–4.

[121] Bukar A,Uba A,Oyeyi T I.Antimicrobial profile of *Moringa oleifera* Lam.extracts against some food–borne microorganisms[J].Bayero Journal of Pure and Applied Sciences,2010,3(1):43–48.

[122] Viera G H F,Mourão J A,ngelo M,et al.Antibacterial effect (in vitro) of *Moringa oleifera* and Annona muricata against Gram positive and Gram negative bacteria[J].Revista do Instituto de Medicina Tropical de São Paulo,2010,52(3): 129–132.

[123] Kekuda T R P, Mallikarjun N, Swathi D, et al. Antibacterial and antifungal efficacy of steam distillate of *Moringa oleifera* Lam[J].Journal of Phamaceutical Sciences and Research,2010,2(1):34–37.

[124] Chuang P, Lee C, Chou J, et al. Anti – fungal activity of crude extracts and essential oil of *Moringa oleifera* Lam[J].Bioresource Technology,2007,98(1): 232–236.

[125] Ayanbimpe G M,Ojo T K,Afolabi E,et al.Evaluation of extracts of Jatropha cur-

cas and *Moringa oleifera* in culture media for selective inhibition of saprophytic fungal contaminants[J].Journal of Clinical Laboratory Analysis,2009,23(3): 161-164.

[126] Nikkon F,Saud Z A,Rahman M H,et al.In vitro antimicrobial activity of the compound isolated from chloroform extract of *Moringa oleifera* Lam[J].Pakistan Jounal of Biological Sciences,2003,6(22):1888-1890.

[127] Raheela J, Muhammad S, Amer J, et al. Microscopic evaluation of the antimicrobial activity of seed extracts of *Moringa oleifera*[J].Pakistan Journal of Botany,2008,40(4):1349-1358.

[128] Mudasser Z,Showkat A,Rajendra S,et al.Antifungal activity and preliminary phytochemical analysis of bark extracts of *Moringa oleifera* Lam[J].International Journal of Biosciences,2012,2(12):26-30.

[129] Siddhuraju P,Becker K.Antioxidant properties of various solvent extracts of total phenolic constituents from three different agroclimatic origins of drumstick tree (*Moringa oleifera* Lam.) leaves[J].Journal of agricultural and food chemistry, 2003,51(8):2144-2155.

[130] Iqbal S, Bhanger M. Effect of season and production location on antioxidant activity of *Moringa oleifera* leaves grown in Pakistan[J].Journal of food Composition and Analysis,2006,19(6):544-551.

[131] Pari L,Karamac M,Kosinska A,et al.Antioxidant activity of the crude extracts of drumstick tree [*Moringa oleifera* Lam.] and sweet broomweed [*Scoparia dulcis* L.] leaves[J]. Polish journal of food and nutrition sciences, 2007, 57(2): 203-208.

[132] Amarowicz R,Fornal J,Karamac M.Effect of seed moisture on phenolic acids in rapeseed oil cake[J].Grasas y Aceites,1995,46(6):354-356.

[133] Karamac M,Amarowicz R,Weidner S,et al.Antioxidant activity of rye caryopses and embryos extracts[J].Czech journal of food sciences,2002,20(6):209-214.

[134] Amarowicz R,Narolewska O,Karamac M,et al.Grapevine leaves as a source of natural antioxidants[J].Polish Journal of Food and Nutrition Sciences,2008,58 (1).

［135］Zieliński H，Kozłowska H.Antioxidant activity and total phenolics in selected cereal grains and their different morphological fractions［J］.Journal of Agricultural & Food Chemistry，2000，48（6）：2008-16.

［136］Amarowicz R，Troszyńska A，Shahidi F. Antioxidant activity of almond seed extract and its fractions［J］.Journal of Food Lipids，2005，12（4）：344-358.

［137］Amarowicz R，Troszyńska A.Antioxidant activity of extract of pea and its fractions of low molecular phenolics and tannins［J］.Polish Journal of Food and Nutrition Science，2003，12（53）：10-15.

［138］Arabshahi-D S，Devi D V，Urooj A.Evaluation of antioxidant activity of some plant extracts and their heat，pH and storage stability［J］.Food Chemistry，2007，100（3）：1100-1105.

［139］Moyo B，Oyedemi S，Masika P，et al.Polyphenolic content and antioxidant properties of *Moringa oleifera* leaf extracts and enzymatic activity of liver from goats supplemented with *Moringa oleifera* leaves/sunflower seed cake［J］. Meat Science，2012，91（4）：441-447.

［140］Chumark P，Khunawat P，Sanvarinda Y，et al.The in vitro and ex vivo antioxidant properties，hypolipidaemic and antiatherosclerotic activities of water extract of *Moringa oleifera* Lam.leaves［J］.Journal of ethnopharmacology，2008，116（3）：439-446.

［141］Verma A R，Vijayakumar M，Mathela C S，et al.In vitro and in vivo antioxidant properties of different fractions of *Moringa oleifera* leaves［J］.Food and Chemical Toxicology，2009，47（9）：2196-2201.

［142］贺玉琢.辣木叶中具有抗氧化作用的成分［J］.国外医学：中医中药分册，2005，27（3）：186-186.

［143］吴玲雪，施平伟，洪枫，等.海南产辣木叶粗多糖提取条件优化及其抗氧化活性研究［J］.饲料工业，2017，38（2）：59-61.

［144］岳秀洁，李超，扶雄.超声提取辣木叶黄酮优化及其抗氧化活性［J］.食品工业科技，2016，37（1）：226-231.

［145］刘能，周伟，林丽静，等.辣木叶γ-氨基丁酸提取工艺及其抗氧化研究［J］.热带作物学报，2017，38（5）：858-863.

［146］裴斐,陶虹伶,蔡丽娟,等.响应面试验优化辣木叶多酚超声辅助提取工艺及其抗氧化活性［J］.食品科学,2016,(2016 年 20):24-30.

［147］梁鹏,甄润英.辣木茎叶中水溶性多糖的提取及抗氧化活性的研究［J］.食品研究与开发,2013,34(14):25-29.

［148］张幸怡,林聪,李洋,等.辣木梗叶对奶牛生产性能及血浆生化、抗氧化和免疫指标的影响［J］.动物营养学报,2017,29(2):628-635.

［149］Vongsak B,Sithisarn P,Mangmool S,et al.Maximizing total phenolics,total fla-vonoids contents and antioxidant activity of *Moringa oleifera* leaf extract by the appropriate extraction method［J］.Industrial Crops and Products,2013,44:566-571.

［150］Saini R,Shetty N,Prakash M,et al.Effect of dehydration methods on retention of carotenoids,tocopherols,ascorbic acid and antioxidant activity in *Moringa oleifera* leaves and preparation of a RTE product［J］.Journal of food science and technol-ogy,2014,51(9):2176-2182.

［151］Mansour H H,Ismael N E,Hafez H F.Modulatory effect of *Moringa oleifera* a-gainst gamma-radiation-induced oxidative stress in rats［J］.Biomedicine & Aging Pathology,2014,4(3):265-272.

［152］Sun B,Zhang Y,Ding M,et al.Effects of *Moringa oleifera* leaves as a substitute for alfalfa meal on nutrient digestibility,growth performance,carcass trait,meat quality,antioxidant capacity and biochemical parameters of rabbits［J］.Journal of Animal Physiology and Animal Nutrition,2014.

［153］刘华勇,赵强忠,马彩霞,等.加工条件对辣木籽肽抗氧化活性的影响［J］.食品与机械,2016,32(10):35-39.

［154］Santos A,Argolo A,Coelho L,et al.Detection of water soluble lectin and antioxi-dant component from *Moringa oleifera* seeds［J］.Water Research,2005,39(6):975-980.

［155］Singh R G,Negi P S,Radha C.Phenolic composition,antioxidant and antimicrobial activities of free and bound phenolic extracts of *Moringa oleifera* seed flour［J］.Journal of functional foods,2013,5(4):1883-1891.

［156］Ruckmani K,Kavimani S,An R,et al.Effect of *Moringa oleifera* Lam on paracetamol-induced hepatotoxicity[J].Indian Journal of Pharmaceutical Sciences, 1998,60(1):33.

[157] Fakurazi S, Hairuszah I, Nanthini U. *Moringa oleifera* Lam prevents acetaminophen induced liver injury through restoration of glutathione level[J]. Food and Chemical Toxicology,2008,46(8):2611-2615.

[158] Pari L,Kumar N A.Hepatoprotective activity of *Moringa oleifera* on antitubercular drug-induced liver damage in rats[J].Journal of Medicinal Food,2002,5(3): 171-177.

[159] Bharali R,Tabassum J,Azad M R H.Chemomodulatory effect of *Moringa oleifera*, Lam,on hepatic carcinogen metabolising enzymes, antioxidant parameters and skin papillomagenesis in mice[J].Asian Pacific Journal of Cancer Prevention, 2003,4(2):131-140.

[160] Nadro M,Arungbemi R,Dahiru D.Evaluation of *Moringa oleifera* leaf extract on alcohol - induced hepatotoxicity [J]. Tropical Journal of Pharmaceutical Research,2006,5(1):539-544.

[161] Abd Eldaim M A,Shaban A,Abd Elaziz S.*Moringa olifera* leaves aqueous extract ameliorates hepatotoxicity in alloxan-induced diabetic rats[J].Biochemistry and Cell Biology,2017,95:524-530.

[162] Selvakumar D,Natarajan P.Hepato-protective activity of *Moringa oleifera* Lam leaves in carbon tetrachloride induced hepato-toxicity in albino rats[J].Pharmacognosy Magazine,2008,4(13):97.

[163] Hamza A A.Ameliorative effects of *Moringa oleifera* Lam seed extract on liver fibrosis in rats[J].Food and Chemical Toxicology,2010,48(1):345-355.

[164] Sinha M,Das D K,Bhattacharjee S,et al.Leaf extract of *Moringa oleifera* prevents ionizing radiation - induced oxidative stress in mice [J]. Journal of medicinal food,2011,14(10):1167-1172.

[165] Fakurazi S,Sharifudin S A,Arulselvan P.*Moringa oleifera* hydroethanolic extracts effectively alleviate acetaminophen-induced hepatotoxicity in experimental rats through their antioxidant nature[J].Molecules,2012,17(7):8334-8350.

[166] Das N,Sikder K,Ghosh S,et al.*Moringa oleifera* Lam.leaf extract prevents early

liver injury and restores antioxidant status in mice fed with high – fat diet [J],2012.

[167] Waterman C,Rojas – Silva P,Tumer T B,et al.Isothiocyanate-rich *Moringa oleifera* extract reduces weight gain,insulin resistance,and hepatic gluconeogenesis in mice[J].Molecular nutrition & food research,2015,59(6):1013-1024.

[168] Sadek K M,Abouzed T K,Abouelkhair R,et al.The chemo-prophylactic efficacy of an ethanol *Moringa oleifera* leaf extract against hepatocellular carcinoma in rats[J].Pharmaceutical Biology,2017,55(1):1458-1466.

[169] 张幸怡,李洋,林聪,等.辣木叶粉对大鼠生长性能,血液与肝脏抗氧化及免疫指标的影响[J].天然产物研究与开发,2016,11:008.

[170] Karadi R V,Gadge N B,Alagawadi K,et al.Effect of *Moringa oleifera* Lam.root-wood on ethylene glycol induced urolithiasis in rats[J].Journal of ethnopharmacology,2006,105(1):306-311.

[171] Omodanisi E I,Aboua Y G,Oguntibeju O O.Assessment of the anti-hyperglycaemic,anti-inflammatory and antioxidant activities of the methanol extract of *Moringa oleifera* in diabetes-induced nephrotoxic male wistar rats[J].Molecules,2017,22(4):439.

[172] Ouédraogo M,Lamien-Sanou A,Ramdé N,et al.Protective effect of *Moringa oleifera* leaves against gentamicin – induced nephrotoxicity in rabbits [J].Experimental and Toxicologic Pathology,2013,65(3):335-339.

[173] 汪泰,顾文宏,何军,等.辣木新资源食品研究进展[J].食品工业科技,2017,38(8).

[174] 张彤.新资源食品管理办法[J].新资源食品管理办法-卫生部卫生监督中心,2011.

[175] 王永芳.我国新资源食品管理现状与分析[J].中国卫生监督杂志,2011,18(1):20-23.

[176] 浦惠莉,张双凤.新资源食品的研究与发展[J].浙江预防医学,1995,(3):3-4.

[177] 柳艳,李磊.食品新资源的健康促进作用[J].食品科技,2007,(6):1-4.

[178] 孙春伟,赵桂华.从新资源食品到新食品原料的制度变迁与应对[J].食品工

业科技,2014,1:17-19.

[179] 杨月欣.国内外新资源食品实质等同的判断及依据[J].中国卫生监督杂志,
　　　2011,18(1):15-19.

[180] 张小霞,王永芳,高小蔷.我国新资源食品审批现状分析及思考[J].中国卫生
　　　监督杂志,2012,19(4):316-319.

[181] 张小霞.新资源食品评审常见问题及浅析[J].中国卫生监督杂志,2011,18
　　　(1):23-25.

[182] 李宁.国内外新资源食品管理法规和安全性评价[J].中国卫生监督杂志,
　　　2011,18(1):11-14.

[183] 王璐玲.关注欧盟新资源食品法规提案[J].标准科学,2008,(10):31-33.

[184] 肖平辉.发达国家和地区新资源食品监管新进展及对中国的启示[J].粮油食
　　　品科技,2016,24(5):1-5.

[185] 王雷,高小蔷,杨月欣.我国新资源食品管理的现况及对策探讨[J].中国卫生
　　　监督杂志,2006,13(4):263-265.

[186] 刘国信.浅议新资源食品的应用现状[J].食品安全导刊,2011,(11):54-55.

[187] 新资源食品与保健食品的区别[J].中国农村科技,2006,(3):40-40.

[188] 范金烨.新资源食品与保健食品的区别[J].科技创业家,2012,(22):25-25.

[189] Adedapo A,Mogbojuri O,Emikpe B.Safety evaluations of the aqueous extract of
　　　the leaves of *Moringa oleifera* in rats[J].Journal of Medicinal Plants Research,
　　　2009,3(8):586-591.

[190] Awodele O,Oreagba I A,Odoma S,et al.Toxicological evaluation of the aqueous
　　　leaf extract of *Moringa oleifera* Lam.(Moringaceae)[J].Journal of ethnopharma-
　　　cology,2012,139(2):330-336.

[191] Oyagbemi A A,Omobowale T O,Azeez I O,et al.Toxicological evaluations of
　　　methanolic extract of *Moringa oleifera* leaves in liver and kidney of male Wistar
　　　rats[J].Journal of Basic & Clinical Physiology & Pharmacology,2013,24(4):
　　　307-312.

[192] Bakre A G,Aderibigbe A O,Ademowo O G.Studies on neuropharmacological pro-
　　　file of ethanol extract of *Moringa oleifera* leaves in mice[J].Journal of Ethno-
　　　pharmacology,2013,149(3):783-789.

[193] Zvinorova P I, Lekhanya L, Erlwanger K H, et al. Dietary effects of *Moringa oleifera leaf powder on growth, gastrointestinal morphometry and blood and liver metabolites in Sprague Dawley rats* [J]. *Journal of Animal Physiology and Animal Nutrition*, 2015, 99(1):21−28.

[194] Asiedu−Gyekye I J, Frimpong−Manso S, Awortwe C, et al. Micro−and macroelemental composition and safety evaluation of the nutraceutical *Moringa oleifera* leaves[J]. Journal of Toxicology, 2014, 2014:1−13.

[195] Rolim L A, Macêdo M F, Sisenando H A, et al. Genotoxicity evaluation of *Moringa oleifera* seed extract and lectin[J]. Journal of Food Science, 2011, 76(2).

[196] Cajuday L A, Pocsidio G L. Effects of *Moringa oleifera* Lam. (Moringaceae) on the reproduction of male mice (Mus musculus) [J]. Journal of Medicinal Plants Research, 2010, 4(12):1115−1121.

[197] Araújo L C C, Aguiar J S, Napoleão T H, et al. Evaluation of cytotoxic and anti−inflammatory activities of extracts and lectins from *Moringa oleifera* seeds[J]. Plos One, 2013, 8(12):e81973.

[198] Paul C, Didia B. The effect of methanolic extract of *Moringa oleifera* Lam. roots on the histology of kidney and liver of guinea pigs[J]. Asian Journal of Medical Sciences, 2012, 4(1):55−60.

[199] Ajibade T O, Arowolo R, Olayemi F O. Phytochemical screening and toxicity studies on the methanol extract of the seeds of *Moringa oleifera*[J]. Journal of Complementary and Integrative Medicine, 2013, 10(1):11−16.

[200] Suarez M, Haenni M, Canarelli S, et al. Structure−Function Characterization and Optimization of a Plant−Derived Antibacterial Peptide[J]. Antimicrobial Agents and Chemotherapy, 2005, 49(9):3847−3857.

[200] Förster N, Ulrichs C, Schreiner M, et al. Development of a reliable extraction and quantification method for glucosinolates in *Moringa oleifera*[J]. Food Chemistry, 2015, 166:456.

第四章　辣木产品加工利用

第一节　辣木产品加工利用概况

辣木被称为"奇迹之树"，其全株都可利用，营养物质丰富而且全面。辣木叶、种子、树皮、根等是民间传统药物，用于保健和辅助治疗多种疾病。辣木已被研究者们证明具有多种健康和医药价值[1]。随着生活水平的提高，人们对于健康概念有了更深入的认识，辣木作为新型的保健食品引起研究领域的广泛重视，除了具有丰富的营养价值，在降血糖、降血脂、抗氧化、抗真菌等方面也表现出良好的活性。

辣木已通过相关检测和毒理试验，被证明是营养丰富、健康安全的绿色食品[2]。辣木被欧美一些发达国家视为新时代的健康食物。辣木叶子可以鲜食、烹调或干燥后加工成粉，辣木叶提取物可制成饮料，辣木花可以用于酿制蜂蜜[3]。辣木果荚用于蔬菜消费时，应该在果荚幼嫩、柔韧时采收，可像煮青豆一样烹饪，其适宜采摘期是折断果荚时不出现纤维丝。种子必须在绿色时才能食用，变成浅黄色就不宜食用了。烹饪种子时，必须先煮几分钟，除去有苦味的种壳，然后把种子仁剥出来就可食用了[4]。老一些的果荚可到果荚成熟以后收获种子用于榨油，辣木籽油可以替代橄榄油用于人类饮食中。辣木含有多种有益人体健康的植物化学物质，包括类胡萝卜素、酚类（绿原酸）、黄酮类（槲皮苷和山奈酚苷）、多种维生素和矿物质等[5]，可作为蛋白质、纤维以及微量元素的营养补充剂。在世界很多地区，辣木越来越多地被作为食品营养强化剂使用，例如在加纳、尼日利亚、埃塞俄比亚、马拉维等非洲国家，新鲜或干制的辣木叶都被纳入到饮食中[6]。许多研究已经报道了将辣木不同部位应用到食品中的情况，如用于汤[7]、断乳期食品[8]、饼干、面包[9]、蛋糕[10]、酸乳[11]等食品中。此外，在发展中国家，辣木籽粉被作为天然的絮凝剂应用在水处理过程中[12]。辣木籽油在非食品领域可用于合成生物柴油、化妆品和机械润滑剂等[13]，萃取油之后的辣木籽粕可以作为植物肥料提高农业产量[14]。辣木叶和辣木籽粕也可以作为动物饲料，辣木的树干可以提取蓝色染料和树胶[15]，辣木胶可用于印染、制药以及作为调味品[16]。

辣木的开发目前在国内尚处于起步阶段，仅在我国部分地区有种植。2012年11月，我国卫生部批准辣木叶作为新资源食品[2]。目前，部分海南企业正在大面积种植这种绿色植物，并给"辣木"起了一个商品名："奇树"。据了解，在澄迈的美亭、长安及儋州黄泥沟建立了3个辣木生产基地，面积达0.07万公顷。其中澄迈美亭和长安两个基地的"奇树菜"已经上市，每天供销量近1t，主要销往北京、上海、杭州、武汉、广州和深圳等地[17]。

第二节　辣木的品质

一、外观

辣木的外观如图4-1所示。

(1)辣木叶　　　　　(2)辣木花　　　　　(3)辣木果荚　　　　　(4)辣木籽

图4-1　辣木的形态[15]

(一) 树干、树枝、树皮

辣木是多年生常绿或落叶树种，树干直立，最高可达7~12米。当树高生长达到 1.5m 时才开始萌生侧枝,侧枝延伸无一定规律,树冠成伞状。树干木质较软较脆,树皮呈灰白色,主根粗壮,树根膨大似块茎,可储存大量水分,枝干细软,侧枝多数下垂[15]。

(二) 叶、花

辣木叶呈浅绿色,在枝梢顶部交织形成 2~3 回羽状复叶,长达 20~70cm,具有羽片和浅灰色绒毛。长叶柄具有 8~10 对羽片,每对羽片有 2 对椭圆形或倒卵形的小叶,一片小叶位于顶端,长 1~2cm,腺体在羽片和叶柄上[18]。花白色或黄白色,气味芳香,高度腋生,圆锥花序下垂,花序长 10~25cm,瓣宽 2.5cm,萼片和花瓣各有五个,还有 5 枚雄蕊与 5 枚退化的雌蕊,退化雄蕊与雄蕊相间形成一种外螺纹,背生不同长度的花丝[19]。

(三) 果荚、种子

果荚为三棱状,下垂,早期浅绿色,细软,后变成深绿色,开花后三个月成熟,成熟后呈褐色,充分成熟的果荚横切面近圆形或三棱形,长 20~60cm(长度因种类不同而差异较大)[20]。成熟期的果荚干燥后纵向裂成三部分,每个果荚通常包含 12~35 颗种子,果荚像豇豆,种子呈不规矩圆形,长得有菱有角,直径约 1cm,具有褐色的半透明外壳,并带有白色、以 120 度间隔排列的纸质"薄翼"。每颗种子质量约为 0.3g,其中核仁占质量的 70%~75%。一棵树能产 15000~25000 颗种子[13]。

二、营养品质①

(一) 蛋白质和氨基酸

辣木叶富含蛋白质,蛋白质含量约占可食用部分的三分之一[21-23]。全脂的辣木籽仁蛋白质含量可达 36.18%,而脱脂的辣木籽仁蛋白质含量可达 62.76%[24]。Juhaimi 等[25]对取自苏丹喀土穆北部的辣木叶和辣木籽油的氨基酸

---

① 本书第二章第二节已经详细阐述了辣木营养成分,本段落只对辣木的营养品质做简单介绍。

组成进行了分析，发现 100g 辣木叶中含有 2.660g 谷氨酸、2.185g 天冬氨酸、2.070g 亮氨酸、1.820g 精氨酸、1.605g 丙氨酸、1.595g 苯丙氨酸、1.540g 赖氨酸、1.450g 甘氨酸、1.345g 缬氨酸、1.280g 脯氨酸、1.265g 苏氨酸、1.155g 异亮氨酸、1.060g 丝氨酸等。辣木籽中主要含有 3.724g 谷氨酸、3.059g 天冬氨酸、2.898g 亮氨酸、2.548g 精氨酸、2.247g 丙氨酸、2.233g 苯丙氨酸、2.156g 赖氨酸、2.030g 甘氨酸、1.883g 缬氨酸、1.792g 脯氨酸、1.771g 苏氨酸、1.617g 异亮氨酸、1.484g 丝氨酸、1.281g 酪氨酸和 1.022g 组氨酸等。

辣木叶中的蛋白质还具有易于吸收的特性。Nag 和 Matai 的研究发现辣木叶片蛋白质的消化率达 50%，Krishna-moorthy 等[26]利用离体瘤胃研究的结果表明辣木叶粗蛋白降解力为 44.8%。

（二）维生素

辣木叶富含多种维生素，含有的维生素 C 是柑橘的 7 倍，维生素 A 是胡萝卜的 4 倍。有研究表明，100g 可食用的新鲜辣木叶包含的水溶性维生素有 2.6mg 维生素 B_1、20.5mg 维生素 B_2、8.2mg 烟酸和 220mg 维生素 C，其包含的脂溶性维生素有 16.3mg 维生素 A 和 113mg 维生素 E[27]。研究证实，每日摄入 25g 辣木叶粉就能完全满足不同人群摄入维生素 E 所需的量。100g 辣木嫩果荚中含 0.05mg 维生素 B_1、0.07mg 维生素 B_2、0.20mg 烟酸、120mg 维生素 C 和 0.10mg 维生素 A[17]。

（三）脂肪酸

辣木叶的脂肪含量达到 17.1%[28]，其中含有 ω-3 和 ω-6 多不饱和脂肪酸，以 α-亚麻酸（C18：3，ω-3，49%~59%）和亚油酸（C18：2，ω-6，6%~13%）的形式存在。辣木叶中主要的饱和脂肪酸是软脂酸（C16：0），占总脂肪酸含量的 16%~18%。与辣木叶相比，未成熟的果荚和花中含有较高含量的总单不饱和脂肪酸，占总脂肪酸含量的 16%~30%。辣木籽油脂含量约为 36.7%，而去壳后的辣木籽仁油脂含量接近 42%[29]。未精炼的辣木籽油在 120℃时的诱导期是橄榄油的 9 倍，精炼的辣木籽油是橄榄油的 2.5 倍。其脂肪酸的种类组成与橄榄油不相上下，辣木籽油中饱和脂肪酸占 17.13%，包括 5.75% 的软脂酸、4.40% 的花生酸和 6.98% 的山嵛酸[25]。辣木的叶子和未成熟果荚、花、籽中含较少的饱和脂肪酸，含有较高的单不饱和脂肪酸和多不饱和脂肪酸，因此对健康是有益的。

（四）矿物质

钾、钙、镁是辣木中主要的矿物质。茎叶和果荚中钾的含量最高，叶子中钙含量较高，种子中含大量的镁[30]。辣木中也含有丰富的铁（17.5mg/100g DW），1g辣木叶粉含有的铁大约是菠菜的25倍，钾约为香蕉的15倍[31]。Jaroszewska等[5]研究了取自印度的辣木叶，发现辣木叶所含的粗灰分为110.9g/kg，其中含磷4.82g/kg、钙12.6g/kg、镁5.65g/kg、钾20.8g/kg、钠2.55g/kg。

（五）类胡萝卜素

在辣木叶和未成熟的果荚中，全反式叶黄素是主要的类胡萝卜素，分别占总类胡萝卜素的53.6%和52.0%。此外，辣木中还有少量的全反式黄体呋喃素、13-Z-叶黄素、全反式玉米黄素、15-Z-β-胡萝卜素等。在辣木各部分结构中，叶子中的总类胡萝卜素含量最高，为44.30~80.48mg/100g，其次是未成熟的果荚，含量为29.66mg/100g，花中的含量为5.44mg/100g[32]。辣木叶中的叶黄素含量接近37mg/100g，反式β-胡萝卜素含量可达18mg/100g，反式玉米黄素含量约为6mg/100g[33]。

（六）多酚类

辣木的抗氧化性归功于其所含的大量多酚类物质。Juhaimi等[25]的研究发现，辣木籽油含有的α-生育酚为12.81%，β-生育酚为0.54%，γ-生育酚为6.90%，δ-生育酚为0.89%。Govardhan等[34]用比色法测定了辣木籽粉中酚类物质含量，发现结合酚类提取物中的酚类物质含量为4173mg GAE/100g，显著高于自由酚提取物中的780mg GAE/100g。自由酚类提取物中含量较高的酚类物质有没食子酸18.10mg/100g、表儿茶素8.156mg/100g和咖啡酸3.788mg/100g。结合酚提取物中含量较高的酚类物质有儿茶酸749.2mg/100g、表儿茶素81.4mg/100g、槲皮素1.878mg/100g和没食子酸1.592mg/100g。辣木叶中含0.07%~1.26%槲皮素，0.05%~0.67%山柰酚。在不同的物种中，印度品种（PKM-1和PKM-2）相对于非洲本土物种具有更高含量的槲皮素和山柰酚[32]。

（七）甾醇类

甾醇可能会参与 CHOL 代谢，降低 LDL-C 的循环水平[35]。辣木籽油中含有的甾醇类主要包含 β-谷甾醇、豆甾醇、菜油甾醇、Δ^5-燕麦甾醇，这些甾醇占总甾醇的 92%，其他甾醇是微量的。冷榨的辣木籽油中含有 β-谷甾醇，占总甾醇的 47.17%，豆甾醇占 19.26%，菜油甾醇占 17.84%，Δ^5-燕麦甾醇占 8.04%。用正己烷萃取的辣木籽油中含有的 β-谷甾醇占总甾醇的 47.07%，豆甾醇占 18.59%，菜油甾醇占 17.26%，Δ^5-燕麦甾醇占 9.01%。

三、加工品质

干制的辣木叶粉和辣木叶提取物常被作为营养强化剂添加到食品中，如添加到蛋糕、饼干、饮料等食品中。郭刚军等[36]以改良种多油辣木（PKM-1）叶为原料，研究了阴干、晒干、40℃热风干燥、60℃热风干燥、微波干燥与远红外干燥等 6 种适用于产业化加工的干燥方式对辣木叶感官品质的影响，结果发现不同干燥方式对辣木叶的干燥时间、辣木叶的色泽与感官品质有较大差异。阴干辣木叶亮度最低，变黄也最为严重，感官品质最差。晒干辣木叶色泽品质也相对较差，没有香味，在干燥过程中受天气的影响也比较大。40℃热风干燥、60℃热风干燥、微波干燥与远红外干燥的辣木叶亮度、黄度与总色差没有显著性差异，色泽品质差异也相对较小。但 60℃热风干燥辣木叶有淡淡香味，干燥中不结团，且相对 40℃热风干燥耗时较短。微波干燥虽然香味较浓，但干燥过程中出水较多，结团，且微波干燥设备造价较高。远红外干燥虽然也有淡淡香味，但远红外干燥设备价格相对较高。热风干燥是较为传统的干燥方法，操作简便，机器设备价格也相对较低，并且能很好地保持产品的感官品质。

当添加辣木叶提取物超过 5% 时，食品会有较强的难闻气味和较苦的味道，会降低消费者的可接受水平，这是辣木叶提取物中较高含量的皂苷引起的。为了减少皂苷含量并保持辣木叶的营养成分，Indriasari 等[37]优化了辣木叶热烫工艺的时间和温度，结果发现在 85℃下热烫 7min，可以将辣木叶中皂苷含量降到最低（3.9%），但仍能保留蛋白质含量（25.08%）、维生素 C 含量（84.68mg/100g）和维生素 A 含量（3600μg/100g）。Karim 等[38]研究了不同浓度（0、

0.5%、1.0%、1.5%、2.0%、2.5%）的辣木叶粉对强化型芭蕉粉糊化特性和功能特性的影响，并测定了其所形成面团的近似组成、矿物质含量和感官性质。结果表明，随着辣木叶添加量逐渐升高，强化型芭蕉粉的吸水率、堆积密度、溶胀能力、糊化特性降低，而辣木芭蕉粉面团的蛋白质含量从3.52%增加到10.36%，灰分含量从1.71%增加到2.93%，脂肪含量从1.82%增加到2.37%，面团中钙、镁、钾、钠、铁的含量也有所增加。但随着辣木叶粉添加量增加，面团的香气、可塑性、口感和总体可接受性的评分均逐渐降低。

第三节　辣木叶及其产品

一、营养补充片剂

辣木叶营养丰富，可以和螺旋藻粉等按照一定的比例混合，制成一种营养补充药片。学者们在研究中发现辣木与螺旋藻的营养组成是互补的，将辣木叶粉与螺旋藻粉按照一定的比例混合制成药片，这种药片的营养种类会更全面。辣木粉与螺旋藻粉的最佳比例为7∶3，这两种材料在配方中最佳占比为88.5%[21]。

Muazu等[113]以辣木叶水提取物为原料，采用玉米淀粉、明胶、微晶体纤维素作为黏合剂制备辣木叶水提物片剂，并探究了不同黏合剂对片剂物理化学特性、强度、释放特性等的影响。结果表明，以明胶作为黏合剂的样品有最低的易脆性（0.24%）和最短的泡腾时间（11.64min）；除玉米淀粉作为黏合剂以外的所有样品的压碎强度都在可接受的范围内（29.4~58.8N）；明胶可作为制备辣木叶水提物片剂最好的黏合剂，其各项指标均在测试要求范围内。

阚欢[39]对辣木叶片剂进行了研制，确定了辣木叶片剂制作的最佳工艺路线和参数，即将辣木叶超微粉碎，以湿法制粒，黏合剂聚乙烯吡咯烷酮用量2%，压片前水分含量为3%左右，以此制得质地均匀、外观光滑、风味清香，具有较好的溶解性和分散性，且符合片剂硬度值和崩解时限值的辣木片剂。

二、辣木茶

辣木绿茶以采摘的嫩芽或新叶为原料，经杀青、揉捻、干燥、精制制成，具有新鲜新绿感，香味浓郁。将辣木茶以低温烘焙方式制成茶包饮用，可提神醒脑、抗忧郁，因其不含咖啡因，不影响睡眠，还可安神养脑[40]。熊瑶[41]通过不同配料筛选和感官评价，得到辣木复合袋泡茶最佳配方：辣木叶50%、辣木茎20%、枸杞10%、桂花8%、金银花7%、甘草5%，泡出的茶甘甜醇厚，香气较佳，汤色金黄。韦雪英等[42]探讨了辣木茶的加工技术要点，得到辣木茶加工工艺技术参数：晒青2h→摇青5min→杀青（热风杀青180～200℃）→干燥（烘干温度70℃，烘干时间120min）→提香（提香100℃，时间120min）。用辣木鲜叶加工成的辣木茶外形翠绿，滋味醇厚滑口，有典型的青草香味，汤色黄绿明亮，叶底柔软完整。辣木因树种所含特有成分，所以制成辣木干茶显绿，带有青草味，在冲泡过程中稍有辣味是正常现象。辣木茶所需的原料均为3～5片成熟叶，这样的叶片在晒青萎凋的过程中不容易碰伤，运输和操作都比较方便。Ezeike等[43]通过改变发酵温度（29℃、50℃、100℃）和时间（2min、5min、10min），评估了200mL辣木叶发酵茶水中草酸和锰含量，结果显示，在发酵温度29℃和时间是2min时，辣木叶茶有最低的草酸释放量；在发酵温度50℃和时间5min时，辣木叶茶有最低的锰释放量。随着发酵温度和时间的增加，草酸和锰的释放率增加。

国外许多生化科技公司争相投入大笔资金研发相关产品，在美国市场已有辣木为原料的保健食品及辣木茶包上市[20]。目前，辣木养生茶在国内市面上已经有销售，其中以辣木绿茶和熟茶较为常见。张晓银等[44]探究了冲泡条件对辣木茶中稀土浸出率的影响，结果表明，辣木茶的稀土浸出率随冲泡时间的延长而升高，且增长逐渐趋于平缓。虽然原茶中稀土含量较高，但稀土氧化物主要残留于茶渣中，总体上处于比较低的暴露水平，对饮茶人群的健康影响较低。

有研究表明，辣木茶有降血糖、降血脂等功效。邵国强等[45]给小鼠喂食一定量的辣木黑茶，对小鼠体质量、脾指数、胸腺指数变化进行了分析。结果发现，辣木黑茶能够显著降低自由饮食小鼠的体质量，但对小鼠免疫功能无影响。食用过辣木黑茶组的小鼠胸腺指数显著升高。同时饲喂实验大鼠，发现辣木黑茶能够降低糖尿病大鼠血糖值，并能够显著降低高脂血症大鼠血清 TC、TG、LDL 水平，表明辣木黑茶有助于减肥、降血脂、降血糖等。Fombang 等[46]通过口服葡萄糖耐量试验测定了辣木功能茶对大鼠以及血糖正常的志愿者的抗高血糖效果。以 1：20（mg/mL）的比例将辣木叶粉溶于 97℃蒸馏水，蒸煮 30min 制备辣木茶，然后在注射葡萄糖之前将不同剂量的辣木茶喂给雄白鼠和志愿者，每隔 30min 测定一次血糖，直至 150min。结果发现，相对于没有灌胃辣木茶的对照组，在注射葡萄糖之前灌胃辣木茶的各个组都表现出对高血糖的抑制作用。对于大白鼠组，中间剂量（20mL/kg BW）对于降低血糖是更有效的（18.2%），剂量为 10mL/kg BW 时血糖降低 13.3%，剂量为 30mL/kg BW 时血糖降低 6%。对于志愿者组，高剂量（400mL）和低剂量（200mL）最终导致的血糖降低无显著性差异，分别降低到 19% 和 17%。有趣的是降低的情况，当 30min 时 200mL（22.8%）比 400mL（17.9%）降低更多，这表明低剂量能通过抑制小肠中血糖的吸收而发挥更高的抗高血糖效果。

三、辣木蛋糕

蛋糕是人们广泛消费、由高热量材料制成的点心，长久以来被认为对消费者健康具有不利影响。小麦辣木蛋糕中辣木原料的营养价值更有利于人体健康。Kolawole 等[10]评价了小麦辣木蛋糕的营养成分和感官特性。蛋糕由小麦粉和不同质量（2g、4g、6g、8g 和 10g）的辣木叶制成，含 100% 小麦粉的蛋糕作为对照组。蛋糕制备结束 24h 内测定营养成分和感官特性。结果表明，水分、粗蛋白、粗纤维和总灰分的含量随辣木的添加量增加而增加，而粗脂肪和碳水化合物的含量随辣木添加量的增加而降低。辣木叶粉的添加量为 4g 时，蛋糕颜色、味道、香气的可接受性最佳。

匡钰等[47]建立了辣木蛋糕制作的优化工艺：粉料 100%（辣木粉添加量为低筋粉总量的 20%）、白糖 100%、鸡蛋 300%、蛋糕油 30%、泡打粉 3%、牛乳 70%，该法制得的蛋糕具有辣木的特征香味，呈绿色，口感绵软香甜，为辣木蛋糕的生产提供了一定的理论参考。段丽丽等[48]在普通蛋糕配方的基础上，加入不同比例的辣木叶粉制成辣木蛋糕，测定了成品蛋糕的比容、质构和部分维生素的含量。结果表明，随着辣木叶粉添加量增加，蛋糕比容逐渐下降；添加量达到

20%时，蛋糕比容最小；当辣木叶粉添加量≥20%时，蛋糕的硬度、弹性、咀嚼性发生显著变化。加入辣木叶粉后，蛋糕中维生素 B_1 含量增加了 25%~35%，维生素 B_2 含量增加了 1.7%~16.7%，维生素 C 含量增加了 300%~2240%，这说明添加辣木叶粉可以提高蛋糕的营养价值。

四、辣木饼干

Manaois 等[49]将辣木作为膳食补充剂添加到大米饼干中，辣木鲜叶和辣木叶粉的含量相对大米含量分别为 1%、2% 和 5%。感官评价实验表明所有样品都呈绿色、带草味。辣木鲜叶或辣木叶粉的含量达到 2% 时的样品是脆的且可接受。对六年级学生消费者（11~12 岁，30 人）调查结果显示，对含 2% 辣木叶粉饼干接受率是 100%，但调查结果显示，成年消费者（18~54 岁，30 人）更青睐于添加 1% 鲜辣木叶的样品。最优处理条件下，含 1% 鲜辣木叶和含 2% 辣木叶粉的样品比对照组具有显著更高含量的 β-胡萝卜素、维生素 C 和钙。含 1% 鲜辣木叶和含 2% 辣木叶粉的样品水分活度低于 0.6，储存可达 3 周，且微生物总数在可接受水平，甚至在储存末期感官评分相对于对照组都是可以接受的。

Pahila 等[50]利用特殊的湿地作物沼泽芋（Cyrtosperma merkusii）制成芋头饼干，对芋头饼干、添加脱水辣木叶的芋头饼干、添加脱水辣木叶和南瓜的芋头饼干进行营养成分分析。结果表明，加了强化剂（脱水辣木叶和南瓜）的饼干，其水分、蛋白质、粗纤维、可溶性碳水化合物含量与未加强化剂的饼干相比无显著性差异，但其脂肪、总矿物质、维生素 A 含量显著高于未加强化剂的饼干。15 个添加脱水辣木叶和南瓜的芋头饼干（每个饼干 13.3g）可提供 22g 蛋白质，相当于推荐膳食营养素供给量（Recommended Dietary Allowance, RDA）中规定的蛋白质的三分之一；可提供 34~36g 脂肪和 122~126g 碳水化合物，相当于 RDA 中规定的脂肪和碳水化合物的一半；并可提供 >100% 日常所需的维生素 A。采用 9 点嗜好程度法的感官评价结果显示，评定成员们对于加了强化剂的饼干外观是高度可接受的，对于加了强化剂的饼干质地和风味是中度可接受的。

Dachana 等[51]用 5%、10%、15% 的干辣木叶粉替代小麦粉制成饼干，探究了流变、微观结构、营养、质量特性的变化。结果表明，随着辣木叶粉含量的增加（从 0 到 15%），粉质仪测定的吸水率增加，面团稳定性、成糊温度以及峰值黏度降低。辣木叶粉的添加增加了面团硬度，降低了饼干的黏结性和散布度。感官评价结果显示，添加 10%辣木叶粉的饼干是可接受的。微观结构研究发现，在辣木叶粉和添加辣木叶粉的饼干中都发现了草酸钙晶体，蛋白质、铁、钙、β-胡萝卜素、膳食纤维随着添加辣木叶粉的增加而增加，这说明使用辣木叶粉提高了饼干的营养特性。

彭芍丹等[52]探讨了以辣木叶超微粉为原料的酥性饼干的制作工艺，研究了辣木超微粉、植物油和白糖等对酥性饼干感官品质、吸水率、色泽和质构等性质的影响，并优化了辣木饼干的最佳工艺配方。结果表明，当辣木叶超微粉 1g、植物油 10g、白糖 10g 时得到的辣木酥性饼干为最佳工艺配方，感官评分为 89.3 分，吸水率为 46.86%，色度值 L^* 为 53.28，色度值 a^* 为-1.30，b^* 为 33.01，硬度为 49.46N，内聚性为 0.29，弹性为 0.23mm，咀嚼性为 3.97mJ。辣木叶超微粉会降低饼干的内聚性和弹性，改变其咀嚼性，并且能抑制饼干成品的吸水性，对成品饼干的防潮保存具有一定的意义。

五、辣木乳制品

已有文献报道了将 3%含量的辣木叶粉作为营养强化剂应用于酸乳或干酪等乳制品中。Hekmat 等[53]研究发现，添加 0.5%辣木叶粉和 5%糖的益生菌酸乳的风味可以被品尝小组接受，但当辣木叶粉添加浓度超过 1%时，酸乳样品有强烈的不良风味。此外，如果仅添加 0.5%的辣木叶粉而不添加糖，样品可以作为一种风味蘸酱。

Bisanz 等[54]开发了含鼠李糖乳杆菌（*Lactobacillus rhamnosus*）并以辣木叶作为微量营养物资源的一种益生菌酸乳，并评估了该辣木酸乳对坦桑尼亚 56 位孕妇的健康以及口腔、肠道和阴道内微生物群的影响。在一个标记的研究设计中，26 位受试者每天都饮用这种酸乳，另外 30 人在妊娠中后期以及生产后一个月内没有饮用这种酸乳。样品通过 16S rRNA 基因序列测定，饮食情况被记录。孕妇在最开始被分成营养全面和营养不良的，但她们消耗相似量的卡路里和大量营养元素，这能解释为何在身体各个部位的微生物群没有差异。这种酸乳的消耗增强了新生儿粪便中双歧杆菌的相对丰富程度，降低了肠杆菌数量，但对母亲各部位的微生物群没有影响。母亲口腔和胃肠道中的菌群在怀孕期间保持稳定，但阴道菌群的多样性在生产前后显著增加（$p<0.05$）。这种微量营养素强化了的辣木益生菌酸乳为坦桑尼亚农村孕妇提供了安全又实惠的食品，但对于婴儿肠道中微生物菌群的影响还需要进一步研究。

Apilado 等[55]将辣木叶粉添加进纯水牛乳制成的奶油干酪中，辣木叶粉添加含量为0%、0.5%、1%、1.5%四个水平，通过比较营养价值、感官质量和消费者可接受性来确定添加辣木叶粉的最佳量。结果表明，添加不同含量辣木叶粉的干酪中水分、脂肪、蛋白质含量和热量没有显著差异，粗纤维含量随辣木叶粉的添加而显著增加（$p<0.05$）。纯奶油干酪比添加了辣木叶粉的干酪的感官特性是显著更高的。辣木叶粉的添加量与干酪色泽、一般可接受性具有显著的负二次方关系，质构、芳香、风味、余味与辣木叶粉的添加量有显著的负线性关系。消费者对添加了0.5%、1%、1.5%辣木叶粉干酪的可接受性比辣木叶粉零添加的干酪更低，这表明本研究中使用的辣木叶粉含量不能被添加到纯水牛乳干酪中，而辣木叶粉含量低于0.5%时可以被考虑用于生产奶油干酪。

Badmos 等[56]探究了3个水平（1%、2%、3%）的醇醚辣木叶提取物对西非软干酪的细菌状态、营养成分及感官特性的影响。结果表明，2%和3%的辣木叶乙醇提取物具有最高的菌群抑制能力，近似分析结果发现含1%乙醇辣木提取物的样品有最高的粗蛋白和灰分，然而对照干酪样品具有显著更高的水分和脂肪含量；各样品的感官分析结果表明，评估人员更青睐添加3%辣木叶提取物作为防腐剂时保藏的干酪。由此说明，辣木叶乙醇提取物可以作为干酪的防腐剂提升干酪的微生物稳定性、营养品质和感官接受性。

Hassan 等[57]将不同比例的辣木叶粉（0.5%、1%、1.5%、2%）添加到酸乳中，然后把样品置于（5±1）℃下储存7d和15d，然后对新鲜以及冷藏的样品做感官评价和化学成分分析。结果发现0.5%是辣木最优的添加量，在风味和口味方面获得最高得分。添加辣木粉的样品比新鲜和冷藏的未添加辣木的对照组样品含有更多的总固形物、脂肪、总蛋白、可溶性氮、总挥发性脂肪酸、乙醛、丁二酮含量和更低的pH，然而对照组样品的色泽比添加辣木粉的样品（新鲜和冷藏的）更白。

在乳饮料研发方面，Salama 等[57]用辣木叶粉作为营养强化剂研发了一款辣木牛乳渗透物（Milk permeate）饮料。将辣木叶粉以0.5%、1%、2%的浓度添加到饮料中，于（5±2）℃下储存 3d、7d、10d 后，测定理化、微生物和感官特性。结果表明，辣木叶粉的添加显著增加了饮料的总固形物含量、蛋白质含量、碳水化合物和灰分（$p<0.05$）。储藏期内所有样品的酸度值逐渐增加。储存 10d 时添加辣木叶粉的饮料比未添加辣木叶粉的饮料双歧杆菌含量更高。在整个储存期内霉菌、酵母菌和大肠杆菌都未被检出。这种含辣木叶粉的饮料可以补充人体所需的矿物质（钾、钙、镁、铁）、必需氨基酸和非必需氨基酸。感官特性实验表明，这种含辣木叶粉的饮料在储藏期内具有高的可接受性。

Kuikman 等[58]将香蕉、甘薯和鳄梨这三种当地水果加入辣木益生菌酸乳，设置如下 5 组样品：益生菌酸乳（对照组）、辣木益生菌酸乳、辣木香蕉益生菌酸乳、辣木甘薯益生菌酸乳和辣木鳄梨益生菌酸乳，进行感官评价；共 37 位消费者参与等级评定，采用 9 点嗜好程度法评定了四种感官特性：香味、外观、质地、综合质量。结果显示，辣木益生菌酸乳和辣木香蕉益生菌酸乳在香味、外观、质地、综合质量方面比其他样品具有显著更高的等级，辣木益生菌酸乳与辣木香蕉益生菌酸乳在各个感官特性之间无显著性差异。由此说明，只有将香蕉添加到辣木益生菌酸乳产品中可使其具有比较好的感官特性。

杨洋等[59]研究了辣木乳饮料产品配方及乳化稳定剂的复配方案，发现最佳配方为生牛乳 40%、辣木叶粉 0.5%、白砂糖 5.0%、蜂蜜 1.0%；最佳稳定剂为单、双甘油脂肪酸酯 0.1%、六偏磷酸钠 0.04%、结冷胶 0.03%、黄原胶 0.01%，所制得的乳饮料具有辣木特征风味，香甜适口，色泽淡绿，且该稳定剂悬浮辣木粉和控制产品脂肪上浮效果良好。贺银凤等[60]以脱脂乳粉为主要原料，添加辣木汁、白砂糖，利用保加利亚乳杆菌和嗜热链球菌进行发酵，研制辣木风味酸乳。通过正交试验确定最佳配方为：辣木汁添加量 10%，白砂糖 7%，发酵剂接种量 3%，可制得组织状态与色泽良好，既有酸乳固有香味，又有辣木特有风味的营养型酸乳。

六、辣木谷类粥

谷类粥是发展中国家比较常见的辅助食品，在西方国家被称为 "Ogi"，并被视为婴儿的断乳期食品或辅助食品，也可作为成年人的早餐谷物食品。它是由玉米、高粱或小米经过发酵制成的谷类粥，传统的制作方法是先将谷物在水中浸泡

3d，然后通过湿磨和筛分移除麸、壳和胚芽，含淀粉的滤液被发酵 2~3d。但在谷类粥的制备过程中，筛分的过程会使得谷物中的蛋白质、矿物质等营养物质有所损失[61]。Abioye 等[62]将辣木叶粉添加到玉米谷类粥中，并对该谷类粥的营养价值和感官特性进行了评价。实验将辣木叶粉与谷物粉混合，然后测定了辣木谷物粥的蛋白质含量、矿物质含量、β-胡萝卜素含量、膨润度和感官特性。结果表明，含15%辣木叶粉的样品蛋白质含量约增加了 95%，粗纤维从 2.33% 增加到 3.57%，灰分从 1.57% 增加到 2.33%，且含15%辣木叶粉的样品中这些物质含量最高。随着添加的辣木叶粉含量增加，样品中矿物质含量逐渐增加，其中钙含量从 136.0mg/100g 增加到 466.0mg/100g，镁含量从 31.67mg/100g 增加到 123.00mg/100g，铁含量从 5.23mg/100g 增加到 14.77mg/100g，钾含量从 33.33mg/100g 增加到 215.00mg/100g，锌含量从 0.20mg/100g 增加到 0.73mg/100g，铜含量从 0.27mg/100g 增加到 0.60mg/100g。含15%辣木粉样品中 β-胡萝卜素含量为 1126.67μg/100g。样品的溶胀能力随添加的辣木叶粉含量增加而降低。但也有研究表明当谷物粥产品配方中辣木叶粉的浓度>2%时通常可能不被消费者接受，产品在体内和体外的消化特性也应该做进一步评估[6]。

Steve 等[63]将爆米花和辣木叶添加到谷物粥中。通过热烫和发酵工艺将爆米花和辣木叶研磨成粉，并混合成热烫爆米花-辣木叶（BPM）（65%的爆米花和35%的辣木叶粉）和发酵爆米花-辣木叶（FPM）（65%的爆米花和35%的辣木叶粉），而后分析产品的化学组成和功能特性。结果表明，FPM 和 BPM 的蛋白质含量比谷物粥更高，然而 FPM 和 BPM 的能量值比谷物粥更低。矿物质含量方面，BPM 含有更多的锌、铁、钾、钠、磷，而 FPM 含有更多的铜、钙、镁；FPM 含有的草酸、植酸盐和胰蛋白酶抑制剂比 BPM 更低；FPM 的生物学价值和蛋白质效率比 BPM 和谷物粥高；饲喂 FPM 的白鼠比饲喂 BPM 和谷物粥的白鼠有更高的生长率。爆米花-辣木叶谷物粥的营养组成和概况可用于替换当地能量和蛋白质含量较低的辅助食品。

Gebretsadikan 等[64]开发了马铃薯-大豆-辣木复合粥，并测定了该产品的组成成分，评估了感官可接受性。结果表明，添加大豆、辣木和马铃薯会显著影响蛋白质、纤维、总灰分、碳水化合物、铁、类胡萝卜素的含量及主要的感官品质指标，然而混合物对脂肪含量的影响较小。含马铃薯和大豆的粥感官可接受性较高，而辣木含量较高的粥具有更高的营养品质。含 68%~75%马铃薯、17%~

26%大豆、5%~8%辣木的粥营养丰富且感官品质良好。该产品有助于对抗发展中国家营养失调的情况，如埃塞俄比亚。此外，添加马铃薯可以遮掩辣木不良的气味和风味。

七、辣木保健饮料

Aftab 等[65]将芦荟汁与辣木叶提取物混合制备了一种营养饮料。饮料水分含量为98.89%~99.18%，灰分含量为0.015%~0.069%，pH 为4.35~4.46，总酸度0.160~0.128，总可溶性固形物含量为11~14°Brix，维生素 C 含量为135.06~138.84mg/mL。辣木与芦荟比例为50∶70（体积比）的样品感官特性的嗜好程度获得了最高得分，其颜色、芳香、风味、口感、味道、总可接受性的得分分别是6.5、6.4、6.5、7.5、8.5、8.3。

Vanajakshi 等[65]研发了一款辣木甜菜根发酵饮料，将辣木叶和甜菜根按照不同比例（1∶1、1∶2、1∶3、1∶4）混合，然后加入植物乳杆菌（*L. plantarum*）和肠球菌（*En terococcus*）在37℃下发酵48h。结果发现辣木叶和甜菜根按照1∶2混合发酵的辣木甜菜根饮料感官接受性较高。当这种饮料的pH 为6.5时，4℃条件下的货架期可延长到30d。发酵使棉籽糖含量降低了30%。该饮料还具有抗菌活性，可抵抗病原菌如芽孢杆菌、大肠杆菌、李斯特菌和葡萄球菌。饮料中酚含量为5mg/mL，钙含量为11.8mg/mL，铁含量为0.2mg/mL，从而表现出自由基清除能力。该饮料作为一种新的提神保健饮料，具有潜在的商业开发价值。

邢军梅等[66]以辣木树叶为原料，开发了一种口感良好、营养保健的饮料，并利用模糊数学法，从色泽、状态、气味、滋味和杂质等方面进行感官评定。结果表明，辣木保健饮料的最佳调配工艺为蜂蜜0.5%、柠檬酸0.01%和木糖醇0.15%，该调配工艺研制出的饮料茶香清淡、口感适宜，且富含黄酮和酚类物质，具有一定的保健功能。

八、其他

苏琳琳等[67]以辣木叶粉为主要原料，以卡拉胶和魔芋胶为凝胶剂，研究辣木果冻的加工工艺。运用单因素和正交试验确定产品的最佳配方为：辣木叶粉的添加量为 0.6%，卡拉胶和魔芋胶的质量比为 6∶4、总添加量为 1.0%，木糖醇的添加量为 9%，柠檬酸的添加量为 0.07%，产品具有辣木清香，色泽均匀、口感细腻。

周伟等[68]以辣木叶粉为主要原料，制备出一种具有辣木独特风味的保健软糖。通过正交实验和感官实验研究辣木叶粉量、复合凝胶量和糖醇比例等对最终产品感官评价和质构物性分析的影响。研究结果表明，辣木叶粉（2%）、复合凝胶剂（6%）、麦芽糖醇∶甘露糖醇（1∶1）、柠檬酸钠（0.5%）为制备辣木软糖的最佳配方，所得产品的定量描述性分析（Quantitative descriptive analysis，QDA）评分最高，消费者喜好程度最高，其辣木风味释放时间适宜，并采用逐步回归分析，建立全质构分析（Texture profile analysis，TPA）模式下物性分析数据和软糖口感得分之间预测模型，为利用仪器测定软糖质构指标提供理论基础，对软糖成品的口感控制有着极其重要的参考价值。

第四节　辣木籽及其产品

一、辣木果荚罐头

辣木嫩果荚略带芦笋味，在辣木树体中最具应用价值，营养价值较高。果荚加工和食用方法似青豌豆、绿豆等，最早食用辣木果荚的人群是亚洲人，欧美地区辣木果荚的食用人群正在不断增加，现在的国际市场对新鲜和罐头果荚的需求量稳定增长。英国大量进口辣木果荚罐头和鲜果荚，印度则是辣木果荚罐头的主要输出国[26]。辣木果荚罐头是由嫩果荚经护色、配料、杀菌及灌装制成，可开发多种口味，其香甜、清脆的口感越来越受消费者的青睐。

Wijayawardana 等[69]以新鲜辣木果荚为原料，探究了不同热处理对辣木果荚罐头中维生素 C 含量和无菌状态的影响，发现维生素 C 保留的含量取决于灌装时间与温度参数的组合。维生素 C 的损失在 110℃、115℃、121℃三种蒸馏温度下被测定，发现 115℃下需要的具有足够破坏性的蒸馏时间是 27min，而 121℃下需要的具有足够破坏性的蒸馏时间是 20min；110℃蒸馏 20min 的加工没有达到要求的破坏率。新鲜样品可食部分维生素 C 含量是 118mg/100g；在 110℃、115℃、121℃ 三种蒸馏温度下损失的维生素 C 含量分别为 42%、37%、31%，建议的最佳条件组合为 121℃ 下 20min。

二、辣木籽粉焙烤食品

在非洲和亚洲一些营养失调比较普遍的国家，将辣木籽粉融入到焙烤食品中可以强化食品的营养。已有研究表明将辣木叶、花或种子粉应用于小麦粉或其他混合面粉中制成面包可以提高面包的营养价值。Ogunsina 等[70] 研究了加入 0 ~ 15%含量的脱水辣木籽粉对小麦粉面团流变特性的影响，也研究了制得面包的物理、化学以及感官特性。发现随着添加的脱水辣木籽粉含量从 0 增加到 15%，粉质仪测定的吸水率、面团稳定性、以黏焙力测量器测定的峰值黏度来表征的面团黏性及面包的综合质量均显著降低（$p<0.05$）。结果表明，辣木籽粉含量为 10%的面包其面团强度和面包质量较高，且具有典型的辣木籽味道，感官上可被接受。

Chinma 等[9] 探究了添加发芽油莎豆和辣木籽粉对小麦面包质量特性的影响，将发芽油莎豆、辣木籽粉、小麦粉按不同比例混合，100%小麦粉的样品作为对照组。发现发芽油莎豆、辣木籽粉的添加使面包蛋白质含量从 13.01%增加到 19.51%，粗纤维含量从 0.77%增加到 3.71%，灰分含量从 1.21%增加到 2.63%，而碳水化合物含量从 59.06%降低到 41.98%。铁含量从 2.03mg/100g 增加到 3.68mg/100g，钙含量从 46.37mg/100g 增加到 57.12mg/100g，镁含量从 68.47mg/100g 增加到 108.44mg/100g，而钠含量从 189.20mg/100g 降低到 136.69mg/100g。100%小麦粉面包和复合粉面包的感官特性之间无显著性差异。

辣木籽粉也可以用于制作饼干。Ogunsina 等[51] 也报道了用 10%、20%、30% 含量的辣木籽粗磨粉替代小麦粉对所制饼干质量的影响，发现辣木籽粗磨粉含量为 20%的饼干具有辣木籽果仁味道，是可以接受的，且表面裂纹样式、色泽与对照组类似。辣木籽粉含量超过 20%时会对表面裂纹样式、色泽产生不利的影响。含 20%辣木籽粗磨粉的饼干含有更多的蛋白质、铁和钙。

三、辣木籽油

辣木籽油呈亮黄色，耐储存，味道与坚果相同，可作为食用的煎炸油。传统的油料种子大豆和棉籽的含油量一般在 18%～20%，$1hm^2$ 大豆能生产出 350～400kg 食用油。而辣木籽的含油量约为 36.7%，一公顷辣木能收获 3000kg 辣木籽，进一步生产出 1200kg 食用油。目前，辣木籽作为油料种子还没有实现广泛的商业增长[71]。辣木籽中的油几乎全部可被溶剂萃取，常用溶剂是正己烷。通过冷榨抽提的油产量比较低[32]。印度已采取战略工业化生产辣木籽油，现已有 $380km^2$ 的生产面积，每年从辣木籽中提取的食用油达 1.3t[71]。Ayerza H 等[72]对南非查科干旱地带的辣木籽产油能力进行了评估，结果表明平均基础上，每英亩①可生产 481.25kg 可食用油，荒漠条件对种子产量和油含量没有显著影响。商业油籽需要有足够水分、充足肥料的土壤和其他昂贵的农艺措施，然而辣木树可以在品质较差的沙地中生长，能抵抗较长时间的干旱又不影响出油率，是提供食用油的一个良好原料。

除了含油量高、成本低外，相比于大豆油、葵花籽油、油菜籽油、玉米胚芽油，辣木籽油具有更好的功能特性。例如大豆油等需要局部的加氢作用来提升功能特性，而辣木籽油不需要局部的加氢作用[71]。Anwar 等[73]将不同浓度的大豆油、油菜籽油、葵花籽油与辣木籽油进行混合，混合改变了这些油的物理化学特性。混合油的脂肪酸组成不同于底物油；对储藏特性的研究发现，在长期储藏过程中混合油产生了低浓度氧化产物，并伴有更高的诱导期，说明辣木籽油能增强商业食用油的抗氧化能力。

Lalas 等[74]对冷榨和己烷提取的非洲辣木籽油的煎炸性能进行了研究，尤其关注了在反复煎炸过程中性能的变化。试验中用辣木籽油在 175℃下间歇性煎炸土豆片和鳕鱼肉片，每天煎炸 5 次，连续煎炸 5d。结果发现辣木籽油中的 NEFA 和极性化合物含量有所增加，油的色泽和黏度也升高了，然而碘值、烟点、多不饱和脂肪酸含量、诱导期和生育酚含量降低。各个批次油炸土豆片和鳕鱼肉片的感官品质被评定，结果表明，在使用冷榨油 25 次煎炸后的土豆片总体可接受性

---

① 1 英亩（acre）= 0.4047ha。

评分出现显著性差异，这种显著性差异也出现在了使用己烷提取的油 20 次煎炸后，实验结果表明冷榨油最适合连续煎炸。

Muhammad 等[75]将辣木籽油和黄油混合制备了功能性脂肪。使用的辣木籽油浓度达 50%，然后混合油被甲醇钠酯化。含 50% 辣木籽油和 50% 黄油的混合油熔点为 35.5℃，并含有极少量的 CHOL。储藏和加速氧化实验结果显示混合油具有更强的抗氧化性。段琼芬等[76]采用冷榨法、精制法和溶剂浸提法探究辣木籽油抗紫外线的性能，发现辣木籽油能吸收紫外线，紫外测定最大吸收波长为 212nm，因此具有抗紫外线的能力。其中未精制和石油醚溶剂提取的辣木油的抗紫外能力比精制油好。由于辣木籽油有吸收紫外线的特性，需避光储藏，防止其生化成分的改变，也可利用这个特性开发相关化妆品如防晒霜等。此外，辣木籽油也可作为润滑剂使用[77]。

第五节　其他用途

一、净水剂

辣木籽粕是辣木籽提油之后的副产品，含大量的蛋白质，其中一些蛋白质（约 1%）分子质量在 7~17ku，是活跃的阳离子聚合电解质，可以中和废水中胶体所带的负电荷，从而起到絮凝的作用，这种阳离子蛋白质被称为辣木阳离子蛋白（MOCP）[78]。因此辣木籽粕可以替代化学絮凝剂用于水净化。Camacho 等[79]评估了辣木籽和低油辣木籽在传统水处理过程中作为絮凝剂从不同自然水体中移除蓝藻细菌的效果。测试中使用低初始浊度（5~10NTU①）和高初始浊度（30~60NTU）的水，使用完好的辣木籽粉和萃取掉油后的辣木籽粉。结果显示当使用辣木籽作为絮凝剂应用于凝聚/絮凝/沉降过程中，油萃取物不是必要的。对于高浊度的水，使用完好的辣木籽粉和萃取掉油后的辣木籽粉可使叶绿素 a 和浊度移除率达 85%。对于低浊度的水，使用 1mol/L 生理盐水辣木抽提物，叶绿素 a 和

---

① NTU（Nephelometric turbidity unit）是散射浊度单位，用于水和废水的标准检验法。

浊度移除率接近60%。该实验也证明辣木能够移除存在于水中的某些有机质，如芳香有机质。

帖靖玺等[80]研究了辣木籽粕粗提液处理模拟浊度水及对水质的影响，结果表明，辣木籽粕粗提液用量分别为10mL、20mL、30mL、40mL时，对中浊度（初始浊度80NTU）和高浊度（初始浊度150NTU）原水的絮凝沉淀效果较好，而对低浊度（初始浊度25NTU）原水的絮凝沉淀效果欠佳。中、高浊度水的浊度随絮凝沉淀时间而降低，低浊度水的浊度则先增高后降低。絮凝沉淀30min的中高浊度水和150min的低浊度水经砂滤后出水浊度即可达到生活饮用水标准所定限值。滤后水中高锰酸盐指数（Chemical oxygen demand manganese，CODMn）和硝态氮的含量都随粗提液用量增大而增加，CODMn最低为21.5mg/L，滤后水中硝态氮含量最高为6.6mg/L。

Ndabigengesere等[81]在污水模型处理中，使用悬浮物体分离实验，探究了将辣木籽作为絮凝剂对于凝结-絮凝和沉积过程的影响，对处理过的水质量进行了分析，并与明矾处理的水体作比较。实验使用不同剂量的粗加工干的、带壳和不带壳的5%水提取物，测定pH、电导率、碱度、阳离子和阴离子浓度。研究结果表明，辣木籽的絮凝没有显著影响被处理水的质量，然而被处理水中有机物含量显著增加了，由此提示辣木籽应在成为一个足够净化的活性蛋白质之后，才可在废水处理时作为混凝剂使用。

张饮江等[82]比较研究了辣木籽天然净水剂和常用化学净水剂（明矾、聚合氯化铝等）的净水效果。结果表明，辣木籽净水效果明显，辣木籽净水最佳剂量为100mg/L。黎小清等[83]发现辣木絮凝剂的絮凝效果明显，而经过纯化后辣木絮凝剂的絮凝效果更加显著。经纯化的辣木絮凝剂能把污浊度为82.00NTU的澜沧江水降至3.66NTU，去除率超过95%，较辣木絮凝剂粗提物去除率高24%左右。

辣木阳离子蛋白不仅能中和水体中的负电荷，也能抑制水体中细菌细胞的增长，这是因为阳离子蛋白会与微生物阴离子脂膜相互作用。辣木阳离子蛋白也具有两亲的螺旋-祥-螺旋结构域，可帮助其融合到细菌的细胞膜。这些功能特性可以使辣木阳离子蛋白选择性地锁定和杀死某些细菌，包括水中的病原体[84]。对辣木阳离子蛋白的蛋白质序列分析结果表明，其与2S清蛋白种子储藏蛋白族（油菜籽蛋白和马槟榔甜蛋白）类似，而作为2S清蛋白之一的几丁质蛋白异形体（Mo-CBP3）被报道具有有效的抑菌和絮凝能力。辣木阳离子蛋白的絮凝效率会随着储藏时间的增加而降低，然而有趣的是，絮凝效率会随着水体初始浊度的升高而降低[85]。李翀等[86]采用盐溶与盐析相结合的方法提取了辣木籽油渣中的蛋白质，研究辣木籽蛋白提取液对水浊度的去除效果。结果表明，去除效果受原水温度和 pH 的影响较小，对中高浊度（90~280NTU）水的去除效果好，而对低浊度（20~30NTU）水的去除效果较差。

迪卡罗[87]对电絮凝（EC）/辣木籽吸附耦合（MOS）技术在分批系统中对染料废水进行处理。在间歇反应器中分别使用铝和不锈钢作为电极，使酸性黑 1（AB1）和碱性红 2（BR2）脱色；同时，研究了反应参数对染料废水去除率的影响，如电流密度、辣木籽投加量、染料废水的初始浓度；并测定分析了单位能量需求量（UED）、单元电极材料需求量（UEMD）、充电负载（Qe）和耗能量（Econ）。吸附剂和能耗量被认为是过程评价的主要标准以及最佳条件的选项。相对于简单的电絮凝技术，在较低的电流密度和较短的接触时间时加入适当的MOS（AB1 的最佳投加量为 0.6g/L，BR2 的最佳投加量为 5.0g/L。）可以快速提高染料废水的去除效率。EC/MOS 吸附耦合技术使 AB1 和 BR2 的脱色率分别可达 99.30% 和 94.00%。相对于传统简单的 EC 技术，EC/MOS 耦合技术的去除效率高，接触时间短，能耗低。

陈东光[88]研究了辣木籽油渣中净水活性蛋白的提取方法，并将提取出的蛋白质用于对染料废水的去除研究。结果表明，最佳提取工艺条件为：将辣木籽油渣粉末与 0.5mol/L 硫酸铵溶液按 1∶20（质量体积比）的比例混合，之后将辣木籽油渣粉与 0.5mol/L（NH_4）$_2SO_4$ 溶液通过超声细胞破碎仪处理 5min，从而使蛋白质尽可能多地溶解于溶剂中，然后使用"离心+过滤"的方法除去残渣，接着在磁力搅拌的条件下，向滤液中缓慢加入（NH_4）$_2SO_4$ 粉末，使溶液中（NH_4）$_2SO_4$ 的最终饱和度达到 80%，加完后继续搅拌 10min，再次通过"离心+过滤"方式收集沉淀物，将沉淀物用蒸馏水清洗三次后，用截留分子质量为8000u 的透析袋进行透析。用蛋白质分离纯化系统对收集好的液体进行分离纯化，对纯化后的液体进行电泳，确定其分子质量为 19ku，并通过混凝实验证明纯化后的液体具有良好的混凝活性。以透析纯化的蛋白液作为絮凝剂进行实验。结果表明：最佳沉淀时间为 90min，最佳染料去除温度为 25℃，pH 为 7 时去除染料废水效果最佳。

白旭华等[89]报道了辣木天然絮凝剂的提取工艺：用超临界 CO_2 流体萃取技

术对辣木籽进行脱脂处理，获取优质脱脂粉；通过真空浸提、薄膜蒸发浓缩、凝胶层析与膜分离纯化、真空冷冻干燥等工艺，制备出天然絮凝剂。试验样品可以储存 24 个月，固体絮凝剂的絮凝率>91%，液态絮凝剂的絮凝率>85%。

二、动物饲料

辣木具有优良的营养特性，其叶富含蛋白质、胡萝卜素、铁和维生素，豆荚富含氨基酸，适宜用作饲料，对牲畜饲养业具有特别重要的意义。

Zeng 等[90]用辣木替代苜蓿干草，研究对乳牛产乳量、营养表观消化率和血清生化指数的影响。实验所用的辣木是种植 120d 后，与燕麦干草混合（干基比例为 425：575）在地窖放置 60d。实验分为三组，分别是无辣木组、低辣木组和高辣木组，喂养试验持续 35d。结果表明，低辣木组和高辣木组均未影响饲料摄取量、乳产量和乳组成成分（乳糖、脂肪、蛋白质和体细胞数）。高辣木组的表观消化率和中性洗涤纤维比无辣木组更低。无辣木组和低辣木组的血清生化指数之间无显著差异。高辣木组与无辣木组相比血清中 TC、HDL-C 和 LDL-C 浓度较低，血清中尿素浓度较高。可见，用辣木青储饲料部分替代苜蓿干草和玉米青储饲料对泌乳乳牛的乳产量、体内外营养表观消化率、血清生化指数无副作用。Babiker 等[91]用辣木叶替代苜蓿干草，研究其对山羊和绵羊的产乳量、乳组成成分和质量以及羊羔生长能力的影响。辣木叶的灰分、脂肪、无氮提取物（NFE）、酚醛树脂含量以及代谢能和抗氧化活性高于苜蓿干草，苜蓿干草中的粗蛋白、纤维、中性洗涤纤维和酸洗涤纤维含量高于辣木叶。饲喂辣木叶可以提高羊乳产量、产乳性能，增加羊羔日增重，并增加羊乳中脂肪、乳糖、固体脱脂物含量。饲喂辣木叶组的乳牛其血清中的丙二醛（MDA）含量更低、过氧化氢酶（CAT）含量更高、总抗氧化能力（T-AOC）和维生素 C 含量更高。

习欠云等[92]用 2%、4%、8%辣木叶粉代替部分蛋鸡饲粮，结果表明，辣木叶粉对蛋鸡的生产性能、蛋品质、蛋黄营养成分和血清生化指标无不良影响。辣木叶粉替代 4%~8%的饲粮能显著提高蛋黄颜色和蛋黄中粗脂肪含量，替代量达到 8%时能显著降低 LDL-C 浓度和血清 TC 含量。因此，辣木叶粉对改善蛋品质和开发饲料资源有积极意义。闫文龙等[93]将辣木梗粉添加到肉鸡饲料中，发现添加 1%辣木梗粉可以提高饲料利用率，并在一定程度上提高了肉鸡免疫力。辣木梗粉作为添加剂对幼龄鸡的生长发育也具有一定促进作用。李树荣等[94]研究了添加辣木对肉用鸡增重情况的影响，根据辣木的营养特性，结合黄羽肉鸡（狄高鸡）对饲料转化率（FCR）高的特点，运用辣木作为黄羽肉鸡饲料添加剂，观察黄羽肉鸡在含不同比例的辣木饲料下的生长情况，结果表明在饲料中添加10%~20%的辣木叶粉的效果较好。

韩如刚等[95]对辣木作为鱼饲料的可行性进行了研究，即以15%的辣木叶粉替代8.7%次粉和6.3%菜籽粕构成全价颗粒饲料配方，研究辣木叶粉对鱼生长和饲料利用的影响。结果表明，在罗非鱼饲料中添加辣木叶粉，能够明显提高罗非鱼的生长性能，降低饲料系数。研究认为，辣木叶粉参配对于氨基酸的平衡有好处，可作为鱼用配合颗粒饲料的蛋白质源。

三、生物有机肥

Ndubaku等[96]测定了辣木叶对增加土壤养分含量的贡献，比较了新鲜辣木叶和干辣木叶的养分释放率，以及在土壤中养分释放六周之后叶子的分解率。从尼日利亚大学作物学部农场土壤的0~30cm深处采集了3种土壤样本，放入3kg容积的塑料桶中并盖好盖子，然后分别添加新鲜和干辣木叶（50g、100g和150g）到塑料桶中，实验按照完全随机法（CRD）并重复三次，在生长的四周内监测所种玉米的植物高度和叶面积。结果表明，新鲜和干辣木叶的添加增加了土壤有机质、氮和磷的含量，但降低了可交换的铝和氢含量。不同添加量的干辣木叶比新鲜辣木叶养分释放率更高；使用辣木籽粕的玉米农场土壤养分获得了显著的改善。辣木籽粕增加了土壤的矿物质含量，从而增加了玉米作物的产量。

研究发现，从辣木叶中可提取促进生长的物质（细胞分裂素），用作植物生长调节剂，叶面喷洒后对促进植株生长效果显著，且可抗病虫害、促结果、增大果实、丰产等[98]。Azra等[99]分别使用辣木叶提取物（MLE，30倍稀释）、苄基氨基嘌呤（BAP，50mg/L）、过氧化氢（H_2O_2，120μmol/L）作为刺激剂，在小麦发芽、长节、生长等阶段作为叶肥喷洒诱发小麦的耐盐性，用水喷雾处理作为对照组。这些刺激剂降低了小麦芽中Na^+和Cl^-含量，同时增加了K^+的含量。使用MLE时，小麦叶的抗氧化剂活性（即SOD、过氧化物酶和总的可溶性酚醛树脂含量）在中等盐度水平时增加了，抗坏血酸盐含量在高盐度水平时也有所增加。在盐环境和正常环境下，使用 MLE 处理比使用其他刺激物处理的小麦粒重（18.5%）也有所增加。总之，应用辣木叶提取物作为叶肥可以通过激活抗氧化防御系统改善盐诱导的不利影响。

四、碳材料

由于具备生长速度快、种植数量多等特点，辣木可以用作碳前体来开发高价值的碳材料。Cai 等[100]以辣木茎作为碳前体，通过一步热解法合成了多孔碳纳米片（PCNSs）。PCNSs 具有独特的多孔纳米片形态以及约 2250m^2/g 的高比表面积、约 2.3cm^3/g 的大孔体积，从而表现出出色的电化学性能，可作为电容器的电极材料。Matinise 等[101]使用辣木提取物作为螯合剂，开发了一种绿色合成氧化锌纳米粒子的方法。该方法不需要额外的化学试剂，简单、环保、便宜而且可靠。电化学的分析证明了氧化锌纳米粒子具有较高的电化学活性度，没有任何修饰，因此在电化学应用上极具潜力。

Heras 等[102]以辣木籽壳为原料，通过裂解和循环激活的方法制备了多孔碳材料，这种碳材料具有微孔结构，可以最小化传质条件。研究人员通过闪热解（700~800℃）获得了一种具有增强特性、可作为潜在分子筛的结构。碳化辣木籽壳循环激活包括氧气化学吸附阶段（180℃）和随后在惰性气体中的解吸阶段（450~900℃），连续激活周期导致了可控的微孔结构形成。当解吸阶段在 900℃下进行时，可获得更高表面积和更宽微孔分布的材料。由于这种特殊的结果，该多孔碳材料能表现出很强的气体吸附特性，从而降低传质阻力。

五、生物燃料

生物柴油可以由各种农作物和动物脂肪制备，相比于化石燃料具有可再生、生物降解、无毒、环保等优点。Rashid 等[14]对辣木籽油作为潜在原料合成生物柴油进行了评价，先将辣木籽油经过酸预处理以降低酸价，然后与甲醇和碱性催化剂在 60℃下经过酯基转移过程生成了生物柴油。乙醇与辣木籽油比例为 6∶1时有高含量的油酸（>70%）。结果显示从辣木籽油中获得的生物柴油展现出了接近 67 的高十六烷值，且其他燃料特性如浊点、动黏度、氧化稳定性等均表现出较好的效果，结果表明以辣木籽油作为原料来合成生物柴油是可行的。Kafuku 等[103]优化了使用辣木籽油制备生物柴油的生产参数。辣木籽油中游离脂肪酸的值为 0.6%，具有使用一步碱性酯基转移法将辣木的脂肪酸转移到其甲基酯的可能。最优生产参数为：1.0%（质量分数）的催化剂量、30%甲醇量、温度 60℃、搅拌速度 400r/min、反应时间 60min。在此最优条件下转换效率是 82%。

Salaheldeen 等[104]报道了辣木籽（品种为 *Moringa peregrina*）在生物燃料方面的潜在资源：辣木籽种皮的热值为 18.21MJ/kg，辣木籽粕的热值为 20.65MJ/kg，辣木籽油的热值为 39.99MJ/kg。辣木籽油具有较低的碘值（67.73g I_2/100g 油）和高的皂化值（187.53mg KOH/g 油），因此辣木籽油基生物柴油具有高的十六烷值（60.16）。此外辣木籽油被发现含很低的 NEFA，表现出通过碱性催化剂一步转化成生物柴油的可能性。辣木籽油含有高含量的不饱和脂肪酸（81.24%），76.92%的贡献归功于单不饱和脂肪酸，其中十八烯酸占主要部分（72.19%），因此辣木籽油具高热抗氧化性。然而辣木籽油显著的长链脂肪酸部分（$C_{20:0}$+$C_{20:1}$+$C_{22:0}$）（6.76%）可能会影响生物柴油的冷流动特性。Mofijur 等[105]比较评价了辣木籽油和棕榈油基的生物柴油在柴油引擎中的性能和排放特性。将含 5%、10%（体积分数）的辣木籽油基生物柴油（分别记作 MB5 和 MB10）与含 5%、10%（体积分数）棕榈油基生物柴油（分别记作 PB5 和 PB10）以及普通柴油（BO）的特性进行了比较。所有样品的特性在一个多缸柴油机中于不同转速和低于满载条件下测定，排放量在满载和半负载的条件下被测定。辣木生物柴油和棕榈生物柴油性能满足 ASTM D6751 和 EN 14214 标准。引擎性能实验结果表明，在整个测试速度的范围内，PB5 和 MB5 样品相对于 BO 样品表现出略低的制动效率和更高的制动燃油消耗率。发动机排放结果显示，PB5、MB5、PB10 和 MB10 分别减少了 13.17%、5.37%、17.36%和 10.60%的一氧化碳排放量，并分别降低了 14.47%、3.94%、18.42%和 9.21%的碳氢化合物排放量。然而 PB5、MB5、PB10 和 MB10 分别增加了 1.96%、3.99%、3.38%和 8.46%的 NO 排放量，并分别增加了 5.60%、2.25%、11.73%和 4.96%的二氧化碳排放量。MB5 和 MB10 样品比普通柴油产生了更少的废气排放物，说明辣木籽油是制备生物柴油潜在的原料。辣木籽油基生物柴油可以代替普通柴油用在类似的发动机中，从而降低全球能源需求和废弃排放。

六、日化

除去蜡质的辣木籽油无嗅无味，不易腐败，黏度较其他常用油料（如橄榄油、杏仁油等）更低，因而可作为化妆品的香味斌形剂[106]。

辣木叶粉在体外实验中被证明具有抗菌活性，因此 Torondel 等[107] 探究了将辣木叶粉作为洗手产品的功效。试验中 15 名志愿者的手被人为地用大肠杆菌污染，辣木叶粉采用交叉设计并按照欧洲标准化委员会文件（EN 1499）中非医用洗手液制作方法制作。在第二部分测试中，将辣木叶粉预估的功效与使用一种惰性粉按相同制作方法制成的样品相比较。结果发现使用 2g 和 3g 干的辣木叶粉洗手比用标准洗手液有显著更低的功效（$p < 0.001$），使用湿的 2g 和 3g 辣木叶粉洗手比用标准洗手液也有更低的功效，但在使用 4g 干或湿的辣木叶粉时与标准洗手液无显著性差异。使用 4g 辣木叶粉比用硫酸钙惰性粉末制成的洗手液具有显著更高的功效（$p < 0.01$）。

辣木蛋白在化妆品中的应用已有产品面市，主要用于抗细菌、粉尘、烟气、废气和重金属的污染，制作保水方面的各种膏、霜、剂，市场售价也不菲，属高端护肤品。部分市面上的产品，就是添加了辣木的萃取物，它们不仅可以有效地清除皮肤表面的污染，而且还能深入肌肤，达到深度清洁肌肤的效果，在价格上也有很好的表现，如某品牌 80mL 的水肌凝乳的市场售价就高达 300 元，150mL 的水肌液的售价也在 190 元，是一个辣木蛋白高附加值开发利用的成功案例。美国专利第 6 号、470 号、500 号也介绍了一种辣木化妆品，它是将辣木籽的萃取物即蛋白质添加到化妆品中，利用其能为皮肤提供水分以避免干燥、抗皱纹和抗污染的功效，用作皮肤、嘴唇、指甲或头发的保养化妆品[108]。

辣木精油是一种从辣木干粉中提取出来的挥发性油，含有 76% 的单不饱和脂肪酸以及多种不饱和脂肪酸，主要是油酸、亚油酸和亚麻酸。实验证明，辣木精油能有效地保护表皮和真皮组织，防止皮肤过度角质化及水肿，对紫外线损伤具有保护作用，具有较强的抗氧化性，且稳定不容易腐败，是生产化妆品、香水、润滑剂的优质原料[109]。段琼芬等[110] 从开发防晒护肤品的角度，用中波红斑效应紫外线（UVB，波长 290~320nm）和长波黑斑效应紫外线（UVA，波长 320~400nm）紫外线照射小鼠背部皮肤、双耳，研究辣木籽油对小鼠抗紫外线损伤的保护作用。结果表明,辣木籽油能有效防止紫外线对小鼠皮肤的灼伤,抑制表皮层和真皮组织的病变,防止皮肤过度角质化和水肿。这说明辣木籽油具有抗紫外线损伤功能(防晒功能),其防晒效果与防晒系数(SPF)21 的防晒霜接近,属中等强度防晒剂。辣木化妆品的研发也很快,市场上已出现系列辣木化妆品,如辣木洗发液、辣木面膜、辣木润肤霜等。总体来讲,辣木综合利用研究大多处于一般性产品的开发层面,深层次产品研发还较弱,系统性利用研究还不够[111]。

七、润滑油

由于生物基润滑油具有可降解、无毒、环保等优点,全球对开发生物基润滑油的需求增加。Singh 等[112]通过使用销盘摩擦剂概括了基于辣木油开发的生物润滑油的摩擦和磨损特性。将辣木籽油按 5%、8%、12% 的体积比与基础润滑剂 SAE 20W40 混合。该混合润滑油的摩擦特性在 3.8m/s 的滑动速度时负载 50N、100N、150N 的条件下测定。结果表明,该润滑剂在测试中发生了边界润滑,主要的磨损机制是黏着磨损。在测试中,最低磨损发生在添加 5% 和 8% 的辣木油基生物柴油的润滑油样品,辣木油基生物柴油的添加浓度超过 8% 时磨损率显著增加。由此说明,添加 5% 和 8% 的辣木籽油基生物柴油可作为良好的润滑油,在3.8m/s 的滑动速度下可增加机械效率,并有利于降低对石油产品的依赖性。

参考文献

[1] Abdull Razis A F,Ibrahim M D,Kntayya S B.Health Benefits of *Moringa oleifera*[J].Asian Pacific Journal of Cancer Prevention,2014,15(20):8571-8576.

[2] 秦树香,沈文杰,刘敏君,等.辣木的研究开发应用与展望[J].长江蔬菜,2016,(18):32-38.

[3] Anjorin T S,Ikokoh P,Okolo S.Mineral Composition of *Moringa oleifera* Leaves,Pods and Seeds from Two Regions in Abuja,Nigeria[J].INTERNATIONAL JOURNAL OF AGRICULTURE AND BIOLOGY,2010,12(3):431-434.

[4] 龚德勇,左德川,班秀文,等.辣木栽培与利用[J].贵州林业科技,2006,(02):

30-31+37.

［5］ Jaroszewska A, Jaroszewska A, Biel W, et al. Nutritional quality and safety of moringa (*Moringa oleifera* Lam.,1785) leaves as an alternative source of protein and minerals［J］.Journal of Elementology,2012,(2/2017).

［6］ Oyeyinka A T,Oyeyinka S A.*Moringa oleifera* as a food fortificant:Recent trends and prospects［J］.Journal of the Saudi Society of Agricultural Sciences,2016.

［7］ Babayeju A A,Gbadebo C T,Obalowu M A,et al.Comparison of organoleptic prop-erties of egusi and efo riro soup blends produced with Moringa and Spinach leaves ［J］.Food Science and Quality Management,2014,28:15-18.

［8］ Arise A K, Arise R O, Sanusi M O, et al. Effect of *Moringa oleifera* flower fortification on the nutritional quality and sensory properties of weaning food［J］. Croatian Journal of Food Science and Technology,2014,2(6):65-71.

［9］ Chinma C E,Abu J O,Akoma S N.Effect of germinated tigernut and Moringa flour blends on the quality of wheat- based bread［J］.Journal of Food Processing and Preservation,2014,38(2):721-727.

［10］ Kolawole F L,Balogun M A,Opaleke D O,et al.An evaluation of nutritional and sensory qualities of wheat-Moringa cake［J］.Agrosearch,2013,13(1):87-94.

［11］ Hekmat S,Morgan K,Soltani M,et al.Sensory Evaluation of Locally-grown Fruit Purees and Inulin Fibre on Probiotic Yogurt in Mwanza, Tanzania and the Microbial Analysis of Probiotic Yogurt Fortified with *Moringa oleifera*［J］.Journal of Health, Population and Nutrition,2015,1(33):60-67.

［12］ Santos A, Argolo A, Coelho L, et al. Detection of water soluble lectin and antioxidant component from *Moringa oleifera* seeds［J］.Water Research,2005,39 (6):975-980.

［13］ Leone A,Spada A,Battezzati A,et al.*Moringa oleifera* Seeds and Oil:Characteris-tics and Uses for Human Health［J］.International Journal of Molecular Sciences, 2016,17(12):2141.

［14］ Rashid U,Anwar F,Moser B R,et al.*Moringa oleifera* oil:A possible source of biodiesel［J］.Bioresource Technology,2008,99(17):8175-8179.

［15］ Amjad M S,Qureshi H,Arshad M,et al.The incredible queen of green:Nutritive value and therapeutic potential of *Moringa oleifera* Lam[J].Journal of Coastal Life Medicine,2015,3(9):744-751.

[16] Yisehak K,Solomon M,Tadelle M.Contribution of Moringa (Moringa stenopetala, Bac.),a highly nutritious vegetable tree,for food security in south Ethiopia:a review[J].Asian Journal of Applied Sciences,2011,4(5):477-488.

[17] 贺艳培,王倩,孔令钰,等.辣木的研究进展[J].天津科技,2013,(02):87-90.

[18] Morton J F.The horseradish tree,Moringa pterygosperma(Moringaceae)-A boon to Arid Lands[J].Economic Botany,1991,45(3):318-333.

[19] Kalappurayil T M,Joseph B P.A review of pharmacognostical studies on *Moringa oleifera* Lam.flowers[J].Pharmacognosy Journal,2017,9(1):1-7.

[20] 张燕平,段琼芬,苏建荣,等.辣木的开发与利用[J].热带农业科学,2004,(04):42-48.

[21] Zheng Y,Zhu F,Lin D,et al.Optimization of formulation and processing of *Moringa oleifera* and spirulina complex tablets[J].Saudi Journal of Biological Sciences,2017,24(1):122-126.

[22] Teixeira E M B,Carvalho M R B,Neves V A,et al.Chemical characteristics and fractionation of proteins from *Moringa oleifera* Lam.leaves[J].Food Chemistry,2014,147:51-54.

[23] Busani M,Patrick J M,Arnold H,et al.Nutritional characterization of Moringa (*Moringa oleifera* Lam.) leaves[J].African Journal of Biotechnology,2011,10(60):12925-12933.

[24] Ogunsina B S,Radha C,Singh R S G.Physicochemical and functional properties of full-fat and defatted *Moringa oleifera* kernel flour[J].International Journal of Food Science & Technology,2010,45(11):2433-2439.

[25] Al Juhaimi F,Ghafoor K,Babiker E L E,et al.The biochemical composition of the leaves and seeds meals of moringa species as non-conventional sources of nutrients[J].Journal of Food Biochemistry,2016,41(1):e12322.

[26] 刘昌芬,李国华,Li G.辣木的营养价值[J].热带农业科技,2004,(01):4-7+29.

[27] Zaku S G,Emmanuel S,Tukur A A,et al.*Moringa oleifera*:an underutilized tree in

Nigeria with amazing versatility: a review[J]. African Journal of Food Science, 2015,9(9):456-461.

[28] Yameogo C W, Bengaly M D, Savadogo A, et al.Determination of chemical composition and nutritional values of *Moringa oleifera* leaves[J].Pakistan Journal of Nutrition,2011,10(3):264-268.

[29] Saini R K, Shetty N P, Giridhar P.GC-FID/MS Analysis of Fatty Acids in Indian Cultivars of *Moringa oleifera*: Potential Sources of PUFA[J].Journal of the American Oil Chemists' Society,2014,91(6):1029-1034.

[30] Amaglo N K, Bennett R N, Lo Curto R B, et al.Profiling selected phytochemicals and nutrients in different tissues of the multipurpose tree *Moringa oleifera* L., grown in Ghana[J].Food Chemistry,2010,122(4):1047-1054.

[31] Bhupendra K, Neikuozo C.*Moringa oleifera* Lam.: panacea to several maladies[J]. Journal of Chemical and Pharmaceutical Research,2015,7(6):687-707.

[32] Saini R K, Sivanesan I, Keum Y-S.Phytochemicals of *Moringa oleifera*: a review of their nutritional, therapeutic and industrial significance[J].3 Biotech, 2016, 6 (2):203.

[33] Saini R K, Shetty N P, Prakash M, et al.Effect of dehydration methods on retention of carotenoids, tocopherols, ascorbic acid and antioxidant activity in *Moringa oleifera* leaves and preparation of a RTE product[J].Journal of Food Science and Technology,2014,51(9):2176-2182.

[34] Govardhan Singh R S, Negi P S, Radha C.Phenolic composition, antioxidant and antimicrobial activities of free and bound phenolic extracts of *Moringa oleifera* seed flour[J].Journal of Functional Foods,2013,5(4):1883-1891.

[35] Anwar F, Rashid U.Physico-chemical characteristics of *Moringa oleifera* seeds and seed oil from a wild provenance of Pakistan[J].PAKISTAN JOURNAL OF BOTANY,2007,39(5):1443-1453.

[36] 郭刚军,胡小静,徐荣,等.不同干燥方式对辣木叶营养、功能成分及氨基酸组成的影响[J].食品科学,2017:1-9.

[37] Indriasari Y, Wignyanto, Kumalaningsih S.Effect of blanching on saponins and nutritional content of moringa leaves extract[J].Journal of Food Research,2016,5

（3）:55-60.

[38] Karim O,Kayode R,Oyeyinka S,et al.Physicochemical properties of stiff dough 'amala' prepared from plantain (Musa paradisca) flour and moringa (*Moringa oleifera*) leaf powder[J].Hrana U Zdravlju I Bolesti,2015,4(1):48-58.

[39] 阚欢.辣木叶片剂的研制[J].食品工业科技,2008,(6):214-215.

[40] 苏科巧,陶亮,黄艾祥,等.辣木食品研究进展[J].农产品加工,2015,(01):72-74.

[41] 熊瑶.辣木叶蛋白质提取及其饮品研制[D].福建农林大学,2012:89.

[42] 韦雪英,冯红钰,符策,等.辣木茶加工技术初探[J].中国热带农业,2016,(04):73+65.

[43] Ezeike C O,Aguzue O C,Thomas S A.Effect of brewing time and temperature on the release of manganese and oxalate from Lipton tea and Azadirachta indica (Neem),Phyllanthus amarus and *Moringa oleifera* blended leaves[J].Journal of Applied Sciences and Environmental Management,2010,15(1):175-177.

[44] 张晓银,庄俊钰,杜德贤,等.冲泡条件对辣木茶中稀土浸出率的影响研究[J].现代食品,2017,(03):78-81.

[45] 邵国强,蒋席高,陈历清,等.辣木黑茶主要药效学研究[J].湖南中医杂志,2017,(03):154-156.

[46] N.Fombang E,Willy Saa R.Antihyperglycemic Activity of *Moringa oleifera* Lam Leaf Functional Tea in Rat Models and Human Subjects[J].Food and Nutrition Sciences,2016,07(11):1021-1032.

[47] 匡钰,史文斌,字晓,等.辣木蛋糕配方优化研究[J].安徽农业科学,2015,(25):277-278+281.

[48] 段丽丽,贾洪锋,徐向波,等.辣木叶粉在蛋糕中的应用[J].食品科技,2016,(06):200-203.

[49] Manaois R V,Morales A V,Abilgos-Ramos R G.Acceptability,Shelf Life and Nutritional Quality of Moringa-Supplemented Rice Crackers[J].Philippine Journal of Crop Science,2013,2(38):1-8.

[50] Pahila J G,Lozada E C,Bedano J A F,et al.Flour substitution and nutrient fortification of butter cookies with underutilized agricultural products[J].AAB Bioflux,

2013,5(3):115-120.

[51] Dachana K B,Rajiv J,Indrani D,et al.Effect of Dried Moringa (*Moringa Oleifera* Lam*) Leaves on Rheological, Microstructual, Nutritional, Textural and Organoleptic Characteristics of Cookies[J].Journal of Food Quality,2010,33(5):660-677.

[52] 彭芍丹,林丽静,周伟,等.辣木酥性饼干工艺研究[J].食品工业,2017,(01):113-117.

[53] Hekmat S,Morgan K,Soltani M,et al.Sensory Evaluation of Locally-grown Fruit Purees and Inulin Fibre on Probiotic Yogurt in Mwanza, Tanzania and the Microbial Analysis of Probiotic Yogurt Fortified with *Moringa oleifera*[J].JOURNAL OF HEALTH POPULATION AND NUTRITION,2015,33(1):60-67.

[54] Bisanz J E,Enos M K,Praygod G,et al.Microbiota at Multiple Body Sites during Pregnancy in a Rural Tanzanian Population and Effects of Moringa-Supplemented Probiotic Yogurt [J]. APPLIED AND ENVIRONMENTAL MICROBIOLOGY, 2015,81(15):4965-4975.

[55] Apilado O S,Oliveros M C R,Sarmago I G,et al.Chemical Composation,Sensory Quality and Acceptability of Cream Cheese From Pure Buffalo ' S Milk Added With Malunggay (*Moringa oleifera* L.) Leaf Powder[J].Philipp J Vet Anim Sci, 2013,1(39):91-98.

[56] Badmos A H A,El-Imam A M A,Ajiboye D J.The effect of crude leaf extracts of *Moringa oleifera* on the bacterial, nutritional and sensory properties of West African Soft Cheese[J].2014:939-946.

[57] Hassan F a M,Bayoumi H M,El-Gawad M a M A,et al.Utilization of *Moringa oleifera* leaves powder in production of yoghurt[J].International Journal of Dairy Science,2016,11(2):69-74.

[58] Kuikman M,O'connor C P.Sensory Evaluation of Moringa- Probiotic Yogurt Containing Banana,Sweet Potato or Avocado[J].Journal of Food Research,2015,4(5):165-171.

[59] 杨洋,高航,Gao H.辣木乳饮料的研制[J].山东食品发酵,2015,(01):37-40.

[60] 贺银凤,任安祥,廖婉琴,等.辣木酸奶的研制[J].保鲜与加工,2010,(05):

40-43.

[61] Esther L.Effects of Drying Method on Selected Properties of Ogi (Gruel) Prepared from Sorghum (Sorghum vulgare), Millet (Pennisetum glaucum) and Maize (Zea mays)[J].Journal of Food Processing & Technology,2013,04(07).

[62] Abioye V F.Proximate composition and sensory properties of moringa fortified yellow maize-ogi[J].African Journal of Food Science Research,2015,1(3): 155-159.

[63] Steve I O,Babatunde O I.Chemical Compositions and Nutritional Properties of Popcorn - Based Complementary Foods Supplemented With *Moringa oleifera* Leaves Flour[J].Journal of Food Research,2013,2(6):117-132.

[64] Gebretsadikan T M,Bultosa G,Sirawdink F F,et al.Nutritional quality and accept-ability of sweet potato-soybean-moringa composite porridge[J].Nutrition & Food Science,2015,45(6):845-858.

[65] Aftab A,Ali S W,Khalil-Ur-Rehman,et al.Development and organoleptic evalua-tion of Moringa-Aloe vera blended nutraceutical drink[J].Journal of Hygienic Engineering and Design,2016,17:72-76.

[66] 邢军梅,李志忠,任海伟,等.基于模糊数学感官评价法的辣木保健饮料研制 [J].粮油加工(电子版),2015,(07):58-60+64.

[67] 苏琳琳,史文斌,匡钰,等.辣木果冻的研制[J].食品研究与开发,2015,(20): 70-73.

[68] 周伟,蔡慧芳,林丽静,等.辣木叶保健软糖加工工艺研究[J].食品工业科技, 2017,(05):210-213+218.

[69] Wijayawardana R,Bamunuarachchi A.Effect of different thermal treatments on vi-tamin C and microbial sterility of canned drumstick (*Moringa oleifera*)[J]. Journal of Food Science and Technology Mysore,2002,39(2):161-163.

[70] Ogunsina B S,Radha C,Indrani D.Quality characteristics of bread and cookies en-riched with debittered *Moringa oleifera* seed flour[J].International Journal of Food Sciences and Nutrition,2010,62(2):185-194.

[71] Nadeem M,Imran M.Promising features of *Moringa oleifera* oil:recent updates and perspectives[J].Lipids in Health and Disease,2016,15(1).

［72］ Ayerza H R.Seed and oil yields of *Moringa oleifera* variety Periyakalum-1 introduced for oil production in four ecosystems of South America[J].Industrial Crops and Products,2012,36(1):70-73.

［73］ Anwar F,Abdul Qayyum H M,Ijaz Hussain A,et al.Antioxidant activity of 100% and 80% methanol extracts from barley seeds(Hordeum vulgare L.):stabilization of sunflower oil[J].Grasas y Aceites,2010,61(3):237-243.

［74］ Lalas S,Gortzi O,Tsaknis J.Frying Stability of Moringa stenopetala Seed Oil[J]. Plant Foods for Human Nutrition,2006,61(2):93-102.

［75］ Muhammad N,Muhammad A,Arshad J,et al.Evaluation of functional fat from interesterified blends of butter oil and *Moringa oleifera* oil[J].Pakistan Journal of Nutrition,2012,11(9):725-729.

［76］ 段琼芬,马李一,余建兴,等.辣木油抗紫外线性能研究[J].食品科学,2008, (09):118-121.

［77］ 孙丹,管俊岭,许玫,等.辣木的有效成分、保健功能和开发利用研究进展[J]. 热带农业科学,2016,(03):28-33.

［78］ Olsen A.Low Technology Water-Purification by Bentonite Clay and Moringa-Oleifera Seed Flocculation as Performed in Sudanese Villages- Effects on Schistosoma-Mansoni Cercariae[J].Water Research,1987,21(5):517-522.

［79］ Camacho F P,Sousa V S,Bergamasco R,et al.The use of *Moringa oleifera* as a natural coagulant in surface water treatment[J].Chemical Engineering Journal, 2017,313:226-237.

［80］ 帖靖玺,邵天元,田欣,等.辣木籽粕粗提液对水中浊度及水质的影响[J].河南 农业大学学报,2014,(02):214-218.

［81］ Ndabigengesere A,Narasiah K.Quality of water treated by coagulation using *Moringa oleifera* seeds[J].WATER RESEARCH,1998,32(3):781-791.

［82］ 张饮江,王聪,刘晓培,等.天然植物辣木籽对水体净化作用的研究[J].合肥工 业大学学报(自然科学版),2012,(02):262-267.

［83］ 黎小清,白旭华,刘昌芬,等.凝胶过滤层析纯化辣木絮凝剂研究[J].热带农业 科技,2008,(02):35-37.

［84］ Shebek K,Schantz A B,Sines I,et al.The Flocculating Cationic Polypetide from

Moringa oleifera Seeds Damages Bacterial Cell Membranes by Causing Membrane Fusion[J].Langmuir,2015,31(15):4496-4502.

[85] Katayon S,Noor M J M M,Asma M,et al.Effects of storage conditions of *Moringa oleifera* seeds on its performance in coagulation [J]. Bioresource Technology, 2006,97(13):1455-1460.

[86] 李翀,黄鑫,宋盼辉,等.辣木籽蛋白对水中浊度的去除研究[J].华北水利水电大学学报(自然科学版),2014,(05):85-88.

[87] 迪卡罗.电絮凝/辣木籽吸附耦合技术在分批系统中处理染料废水的研究[D].吉林大学,2015:48.

[88] 陈东光.辣木籽提取物的分离纯化及其对水中染料的混凝去除研究[D].华北水利水电大学,2016:68.

[89] 白旭华,黎小清,伍英,等.辣木天然絮凝剂提取工艺研究初报[J].热带农业科技,2013,(03):22-27.

[90] Zeng B,Sun J J,Chen T,et al.Effects of *Moringa oleifera* silage on milk yield,nutrient digestibility and serum biochemical indexes of lactating dairy cows[J].Journal of Animal Physiology and Animal Nutrition,2017.

[91] Babiker E E,Juhaimi F a L,Ghafoor K,et al.Comparative study on feeding value of Moringa leaves as a partial replacement for alfalfa hay in ewes and goats[J]. Livestock Science,2017,195:21-26.

[92] 习欠云,曾斌,兰伟,等.辣木叶粉对蛋鸡生产性能、蛋品质和血清生化指标的影响[J].饲料工业,2015,(16):10-15.

[93] 闫文龙,任安祥,黎红妹,等.辣木梗粉主要营养成分测定及对肉鸡生长的影响[J].安徽农业科学,2008,(18):7644-7645.

[94] 李树荣,许琳,毛夸云,等.添加辣木对肉用鸡的增重试验[J].云南农业大学学报,2006,(04):545-548.

[95] 韩如刚,蔡志华,梁国鲁,等.辣木叶粉在鱼饲料中的应用研究[J].安徽农业科学,2013,(04):1537-1538.

[96] Ndubaku N E,Ezeaku P I,Ndubaku U M.Contributions of Moringa (*Moringa oleifera*) Tree Foliage to Enrichment of Plant Nutrients in Soils of Nsukka, Nigeria [J].Journal of Agriculture,Biotechnology and Ecology,2012,5(3):34-44.

［97］Emmanuel S,Emmanuel B.Biodiversity and agricultural productivity enhancement in Nigeria：application of processed *Moringa oleifera* seeds for improved organic farming［J］.Agriculture and Biology Journal of North America,2011,2（5）：867-871.

［98］钟慧慧,马海乐,张涛,等.辣木开发利用现状及前景[J].粮油食品科技,2006,（02）:60-61.

［99］Yasmeen A,Basra S M A,Farooq M,et al.Exogenous application of moringa leaf extract modulates the antioxidant enzyme system to improve wheat performance under saline conditions［J］.Plant Growth Regulation,2013,69（3）:225-233.

［100］Cai Y,Luo Y,Dong H,et al.Hierarchically porous carbon nanosheets derived from *Moringa oleifera* stems as electrode material for high-performance electric double-layer capacitors［J］.Journal of Power Sources,2017,353:260-269.

［101］Matinise N,Fuku X G,Kaviyarasu K,et al.ZnO nanoparticles via *Moringa oleifera* green synthesis：Physical properties & mechanism of formation［J］.Applied Surface Science,2017,406:339-347.

［102］Heras F,Jimenez-Cordero D,Gilarranz M A,et al.Biomass-Derived Microporous Carbon Materials with an Open Structure of Cross-Linked Sub-microfibers with Enhanced Adsorption Characteristics［J］.Energy & Fuels,2016,30(11):9510-9516.

［103］Kafuku G,Mbarawa M.Alkaline catalyzed biodiesel production from *Moringa oleifera* oil with optimized production parameters［J］.Applied Energy,2010,87(8):2561-2565.

［104］Salaheldeen M,Aroua M K,Mariod A A,et al.An evaluation of Moringa peregrina seeds as a source for bio-fuel［J］.Industrial Crops and Products,2014,61:49-61.

［105］Mofijur M,Masjuki H H,Kalam M A,et al.Comparative evaluation of performance and emission characteristics of *Moringa oleifera* and Palm oil based biodiesel in a diesel engine［J］.Industrial Crops and Products,2014,53:78-84.

［106］赵燕南,王力舟.现代化妆品中的经典植物油——辣木籽油[J].中国化妆品,1997,（03）:25.

［107］Torondel B,Opare D,Brandberg B,et al.Efficacy of *Moringa oleifera* leaf powder as a hand – washing product：a crossover controlled study among healthy volunteers［J］.BMC Complementary and Alternative Medicine,2014,14(1):57.

［108］段琼芬,陈思多,马李一,等.辣木籽组成及蛋白的开发利用［J］.安徽农业科学,2008,(32):14084-14086.

［109］彭磊,田洋,解静,等.世界辣木发展现状及市场前景分析［J］.世界农业,2015,(09):143-146.

［110］段琼芬,杨莲,李钦,等.辣木油对小鼠抗紫外线损伤的保护作用［J］.林产化学与工业,2009,(05):69-73.

［111］冯光恒,徐兴才,江功武,等.辣木综合利用研究综述［J］.安徽农业科学,2015,(18):8-10+13.

［112］Singh Y,Singla A,Upadhyay A,et al.Sustainability of Moringa-oil-based biodiesel blended lubricant［J］.Energy Sources Part A-Recovery Utilization and Environmental Effects,2017,39(3):313-319.

［113］Muazu J,Suleiman Z.A.Design,Formulation and tableting properties of aqueous leaf extract of Moringa oleifera［J］.Britsh Journal of Phamaceutical Research,2014,4(19):2261-2272.

附录　英文缩写说明

缩略词	英文全称	中文全称
ABTS	2,2′-azino-bis(3-ethylbenzothiazoline-6-sulfonic acid)	2,2′-联氮-双-3-乙基苯并噻唑啉-6-磺酸
ADP	Adenosine diphosphate	二磷酸腺苷
ADWG	Averagedaily weight gain	平均日增重
ALB	Albumin	血清白蛋白
ALP	Alkalinephosphatase	碱性磷酸酶
ASE	Ascorbicacid equivalent	抗坏血酸当量
ATP	Adenosine triphosphate	三磷酸腺苷
ARE	Antioxidantresponsive element	抗氧化反应元件
Bax	Bcl2-associated X protein	Bcl2 关联 X 蛋白
Bcl-2	B-celllymphoma-2	B 淋巴细胞瘤-2 基因
BUN	Ureanitrogen	尿素氮
CAE	Chlorogenic acid equivalent	绿原酸当量
CAT	Catalase	过氧化氢酶
CCL17	Recombinant rat thymus and activation regulated-chemokine	重组大鼠胸腺活化调节趋化因子
CE	Catechin equivalent	儿茶素当量
CFA	Complete Freund's adjuvant	完全弗氏佐剂
CHOL	Cholesterol	胆固醇
CK	Creatine kinase	肌酸磷酸激酶
CODMn	Chemicaloxygen demand manganese	高锰酸盐指数
CRD	Completely randomized design	完全随机法
CREA	Creatinine	肌酐
DMI	Dry matter intake	干物质采食量
DPPH	1,1-diphenyl-2-picrylhydrazyl	1,1-二苯基-2-三硝基苯肼
DZI	Diameter zones of inhibition	抑菌圈直径

续表

缩略词	英文全称	中文全称
EAE	Experimental autoimmune encephalomyelitis	实验性自身免疫性脑脊髓炎
EBV	Epstein-Barr virus	EB 病毒
EBV-EA	Epstein-Barrvirus-early antigen	EB 病毒-早期抗原
EC50	Concentration for 50% of maximal effect	半最大效应浓度
ESR	Erythrocyte sedimentation rate	红细胞沉降率
FAS	Fattyacid synthase	脂肪酸合成酶
FCR	Feed conversion ration	饲料转化率
FPG	Fasting plasma glucose	空腹血糖
FRAP	Ferric reducing ability of plasma	铁离子还原能力
FSE	Ferric sulfate equivalent	硫酸亚铁当量
GAE	Gallic acid equivalent	没食子酸当量
GC-FID	Gas chromatography-flamelonization detector	气相色谱分析-火焰离子化检测器
GC-MS	Gas chromatography-mass spectrometry	气相色谱法-质谱法联用
GFP	Green fluorescent protein	绿色荧光蛋白
GMG	4(α-L-rhamnosyloxy)-benzyl glucosinolate	4-(α-L-鼠李糖基)-苄基硫代葡萄糖苷
GMG-ITC	4-[(α-L-rhamnosyloxy) benzyl] isothiocyanate	4-(α-L-鼠李糖基)-异硫氰酸苄酯
GR	Glutathione reductase	谷胱甘肽还原酶
GRAS	Generally recognized as safe	公认安全
GSH	L-glutathione	还原型谷胱甘肽
GSH-Px	Glutathione peroxidase	谷胱甘肽过氧化物酶
GST	Glutathione-S-transferase	谷胱甘肽硫基转移酶
HbA1c	Hemoglobin A1c	糖化血红蛋白
HB	Hemoglobin	血红蛋白
HDL	Highdensity lipoprotein	高密度脂蛋白
HDL-C	Highdensity lipoprotein cholesterol	高密度脂蛋白胆固醇
HMG-CoA 还原酶	3-hydroxy-3-methylglutaryl coenzyme A reductase	3-羟基-3-甲基戊二酸单酰辅酶 A 还原酶
HO-1	Heme oxygenase-1	血红素加氧酶 1
HPLC	Highperformance liquid chromatography	高效液相色谱法
IC50	Concentration for 50% of inhibition	半数抑制浓度

续表

缩略词	英文全称	中文全称
ICP-OES	Inductivelycoupled plasma optical emission spectrometer	电感耦合等离子体发射光谱法
IFN-γ	Interferon-γ	γ 干扰素
IgA	ImmunoglobulinA	免疫球蛋白 A
IgG	Immunoglobulin G	免疫球蛋白 G
IL-1	Interleukin-1	白细胞介素-1
IL-1α	Interleukin-1α	白细胞介素-1α
IL-1β	Interleukin-1β	白细胞介素-1β
IL-2	Interleukin-2	白细胞介素-2
IL-3	Interleukin-3	白细胞介素-3
IL-6	Interleukin-6	白细胞介素-6
IL-10	Interleukin-10	白细胞介素-10
IL-17	Interleukin-17	白细胞介素-17
iNOS	inducible Nitric OxideSynthase	一氧化氮合酶
IR	Insulin resistance	胰岛素抵抗
IκBα	Inhibitor of NF-κB	核因子 κB 抑制蛋白
JAK	Januskinase	两面神激酶
LC-MS	Liquid chromatography-mass spectrometry	液相色谱-质谱联用法
LDH	Lactate dehydrogenase	乳酸脱氢酶
LDL	Lowdensity lipoprotein	低密度脂蛋白
LDL-C	Lowdensity lipoprotein-cholesterol	低密度脂蛋白胆固醇
LPS	Lipopolysaccharide	脂多糖
MAPKs	Mitogen-activated protein kinase	丝裂原活化蛋白激酶
MCHC	Mean corpuscular hemoglobin concerntration	平均红细胞血红蛋白浓度
MCV	Mean corpuscular volume	平均红细胞体积
MDA	Malondialdehyde	丙二醛
MIC	Minimal inhibit concentration	最小抑菌浓度
MMP-9	Matrix metalloprotein	基质金属蛋白酶-9
MPO	Myeloperoxidase	髓过氧化物酶
MS	Multiplesclerosis	多发性硬化症
MS-MS	Mass spectrometry-mass spectrometry	串联质谱法

续表

缩略词	英文全称	中文全称
MTT	3-(4,5-dimethyl-2-thiazolyl)-2,5-diphenyl-2-H-tetrazolium bromide	3-(4,5-二甲基噻唑-2)-2,5-二苯基四氮唑溴盐
NEFA	Nonestesterified fatty acid	游离脂肪酸
NFE	Nitrogen-free extract	无氮提取物
NF-κB	Nuclear factor kappa-B	核因子 κB
NO	Nitric oxide	一氧化氮
NQO1	Human NAD（P）Hdehydrogenase,quinone 1	人醌 NADH 脱氢酶 1
Nrf-2	Nuclearfactor erythroid 2-related factor 2	核因子 NF-E2 相关因子
NTU	Nephelometric turbidity unit	散射浊度单位
ORAC	Oxygenradical absorbance capacity	氧自由基吸收能力
PCNSs	Porous carbon nanosheets	多孔碳纳米片
PCV	Packed-cell volume	红细胞压缩体积
PL	Phospholipid	磷脂
PPAR-α	Peroxisome proliferators-activated receptors-α	过氧化物酶体增殖剂激活受体
PPG	Postprandial glucose	餐后血糖
QDA	Quantitative descriptive analysis	定量描述性分析
QE	Quercetin equivalent	槲皮素当量
QR	Quinone reductase	醌还原酶
QS	Quorum sensing	群体感应
RBC	Red blood cell	血细胞总数
RE	Retinol equivalent	视黄醇当量
RF	Rheumatoid factors	类风湿因子
ROS	Reactive oxygen species	活性氧簇
SDA	Sabouraud's dextrose agar	沙氏葡萄糖琼脂
SFN	Sulforaphane	莱菔硫烷
SOD	Superoxide dismutase	超氧化物歧化酶
SREBP	Sterol-regulatory element binding protein	胆固醇调节元件结合蛋白
STAT	Signal transducers and activators of transcription	信号传导及转录激活因子
STZ	Streptozocin	链脲佐菌素
T-AOC	Total antioxidant capacity	总抗氧化能力
TBARS	Thiobarbituric acid reactive substances	硫代巴比妥酸活性物

续表

缩略词	英文全称	中文全称
TC	Total cholesterol	总胆固醇
TE	Tocopherol equivalent	水溶性维生素 E 当量
TG	Triglyceride	甘油三酯
Th17	T helper cell 17	辅助性 T 细胞 17
TNF-α	Tumor necrosis factor-α	肿瘤坏死因子-α
TPA	Texture profile analysis	全质构分析
UC	Ulcerative colitis	溃疡性结肠炎
UVA	Ultraviolet radiation A	长波黑斑效应紫外线
UVB	Ultraviolet radiation B	中波红斑效应紫外线
VLDL	Very low density lipoprotein	极低密度脂蛋白
WBC	White blood cell	白血球
5-HT	5-hydroxytryptamine	5-羟色胺

▲ 辣木叶

▲ 辣木籽　　　　　　　　　▲ 辣木树　　　　　　　　　▲ 辣木树

清香爽口的辣木叶入菜

丰富的营养和风味

荷叶蒸鸡佐清炒辣木叶

清蒸辣木叶肉丸

凉拌辣木叶